Karima Hammoum
Hocine Aouchiche
Abdelilah Kaddouri

Emissions optiques du fer, du chrome et de leurs oxydes

Karima Hammoum
Hocine Aouchiche
Abdelilah Kaddouri

Emissions optiques du fer, du chrome et de leurs oxydes

La luminescence

Presses Académiques Francophones

Impressum / Mentions légales

Bibliografische Information der Deutschen Nationalbibliothek: Die Deutsche Nationalbibliothek verzeichnet diese Publikation in der Deutschen Nationalbibliografie; detaillierte bibliografische Daten sind im Internet über http://dnb.d-nb.de abrufbar.
Alle in diesem Buch genannten Marken und Produktnamen unterliegen warenzeichen-, marken- oder patentrechtlichem Schutz bzw. sind Warenzeichen oder eingetragene Warenzeichen der jeweiligen Inhaber. Die Wiedergabe von Marken, Produktnamen, Gebrauchsnamen, Handelsnamen, Warenbezeichnungen u.s.w. in diesem Werk berechtigt auch ohne besondere Kennzeichnung nicht zu der Annahme, dass solche Namen im Sinne der Warenzeichen- und Markenschutzgesetzgebung als frei zu betrachten wären und daher von jedermann benutzt werden dürften.

Information bibliographique publiée par la Deutsche Nationalbibliothek: La Deutsche Nationalbibliothek inscrit cette publication à la Deutsche Nationalbibliografie; des données bibliographiques détaillées sont disponibles sur internet à l'adresse http://dnb.d-nb.de.
Toutes marques et noms de produits mentionnés dans ce livre demeurent sous la protection des marques, des marques déposées et des brevets, et sont des marques ou des marques déposées de leurs détenteurs respectifs. L'utilisation des marques, noms de produits, noms communs, noms commerciaux, descriptions de produits, etc, même sans qu'ils soient mentionnés de façon particulière dans ce livre ne signifie en aucune façon que ces noms peuvent être utilisés sans restriction à l'égard de la législation pour la protection des marques et des marques déposées et pourraient donc être utilisés par quiconque.

Coverbild / Photo de couverture: www.ingimage.com

Verlag / Editeur:
Presses Académiques Francophones
ist ein Imprint der / est une marque déposée de
OmniScriptum GmbH & Co. KG
Heinrich-Böcking-Str. 6-8, 66121 Saarbrücken, Deutschland / Allemagne
Email: info@presses-academiques.com

Herstellung: siehe letzte Seite /
Impression: voir la dernière page
ISBN: 978-3-8381-4327-9

Copyright / Droit d'auteur © 2014 OmniScriptum GmbH & Co. KG
Alle Rechte vorbehalten. / Tous droits réservés. Saarbrücken 2014

SOMMAIRE

Introduction générale..5

Chapitre I : Le phénomène de pulvérisation

I. Historique.. 9
II. La pulvérisation..10
   II.1. Régime des collisions simples ou de faibles rendements....................12
   II.2. Régime des cascades linéaires de collisions......................................12
   II.3. Régime des pointes de collisions..13
III. Interaction ion-matière 15
   III.1. Collisions élastiques...15
   III.2. Collisions inélastiques..18
IV. Paramètres de bombardement..19
   IV.1. Energie et nature des ions incidents..19
   IV.2. Angle d'incidence..23
   IV.3. Effet de l'atmosphère résiduelle..25
V. Dommages induits par un faisceau d'ions..27
   V.1. Implantation et mixage ionique...27
   V.2. Rugosité induite par un faisceau d'ions...28
   V.3. Influence de la rugosité sur le taux de pulvérisation........................32
VI. La pulvérisation préférentielle 33
Références 35

Chapitre II : Techniques d'analyse de surfaces utilisant le bombardement ionique et l'émission de radiations optiques : Description sommaire

I. Notion de surface...38
II. Caractérisation et techniques d'analyses..39
III. Méthodes d'analyse par bombardement ionique............................42
   III.1. Spectrométrie de masse des ions secondaires...............................42

III.2. La technique de rétrodiffusion de Rutherford.................................43

III.3. La technique ERDA..44

III.4. La technique ISS..45

III.5. Spectroscopie à décharge luminescente..45

III.6. Spectroscopie Optique des produits de pulvérisation.....................46

IV. Origine de l'émission optique et les modèles théoriques................47

V. Description du modèle d'échange d'électrons.............................49

V.1. Cas d'un ion..50

V.2. Cas d'un atome...52

Références..54

Chapitre III : Dispositif expérimental

I. Introduction..57

II. Canon à ions..58

III. L'ensemble enceinte et porte-échantillons...............................60

III.1. L'enceinte..60

III.2. Le porte-échantillons..63

IV. Système d'analyse et de détection de la lumière.....................65

V. Principe de mise en marche de l'appareil................................67

Références...68

Chapitre IV : Emissions optiques des produits de pulvérisation du fer et de ses oxydes Fe_2O_3 et Fe_3O_4

I. Introduction..69

II. Généralités sur le fer et ses oxydes...69

II.1. Quelques propriétés physiques et chimiques du fer......................70

II.2. Principaux oxydes de fer..70

II.2.1. La wustite FeO..70

II.2.2. La magnétite Fe_3O_4 71

II.2.3. L'hématite Fe_2O_3 71

II.3. Intérêt potentiel et travaux antérieurs sur la magnétite et l'hématite ...73

III. Conditions expérimentales...75

III.1. Préparation des échantillons...75

III.2. Paramètres expérimentaux..75

IV. Résultats expérimentaux...77

IV.1. Emissions optiques du fer massif et poudre.................................77

IV.2. Emissions optiques du fer en présence d'une atmosphère d'oxygène.81

IV.3. Emissions optiques de l'hématite...84

IV.4. Emissions optiques de la magnétite..85

V. Interprétation des résultats...88

V.1. Le spectre du fer avec et sans atmosphère d'oxygène.....................88

V.2. Le spectre de l'hématite..90

V.3. Le spectre de la magnétite...91

VI. Conclusion..94

Références..96

Chapitre V : Emissions optiques des produits de pulvérisation du chrome et de son oxyde Cr_2O_3

I. Introduction...99

II. Généralités sur le chrome et son oxyde...................................99

II.1. Quelques Propriétés physiques et chimiques du chrome..................100

II.2. Principaux oxydes de chrome...100

III. Position du problème et travaux antérieurs.............................102

IV. Conditions expérimentales...104

V. Résultats expérimentaux..105

V.1. Emissions optiques du chrome 105

V.2. Emissions optiques du chrome dans une atmosphère d'oxygène.......108

V.3. Emissions optiques de l'oxyde de chrome Cr_2O_3...............110

VI. Interprétation des résultats et test du modèle d'échange d'électrons. 111

   VI.1. Le spectre du chrome avec et sans atmosphère d'oxygène............112

   VI.2. Le spectre de l'oxyde de chrome Cr_2O_3................115

VII. Conclusion..................119

Références....................121

Conclusion générale 124

Introduction générale

La connaissance des propriétés physico-chimiques d'une surface représente une étape primordiale pour la caractérisation et l'amélioration des performances d'un matériau. En effet, l'usure, la corrosion, l'adhésion, l'adsorption, l'absorption etc. dépendent très fortement des propriétés de la surface dont l'épaisseur peut varier de quelques nanomètres à quelques micromètres. Elles ne sont accessibles que par des analyses à l'échelle microscopique grâce à des techniques d'investigations bien spécifiques [1]. Ces dernières permettent aussi d'améliorer la qualité des performances du matériau. La localisation et l'identification des éléments composant le matériau avec une haute résolution latérale et en profondeur a fait aussi l'objet de plusieurs travaux récents [2].

Les méthodes d'analyse d'une cible solide reposent sur le principe de l'excitation de la surface du solide. Les particules excitatrices peuvent être des photons, des électrons et des ions dont l'énergie cinétique est suffisante pour perturber le système. Ces méthodes reposent aussi sur l'observation et l'analyse des produits éjectés. Ces derniers peuvent être des électrons, des ions et/ou des atomes neutres émis ou rétrodiffusés qui peuvent émettre à leur tour des photons pour se désexciter. Le choix de la technique répond à certains objectifs souhaités par l'analyste, qui consistent à chercher des solutions aux problèmes et aux questions posées. Il existe actuellement plusieurs techniques d'analyse de surface, les plus utilisées pour des analyses physico-chimiques et en imagerie sont la SIMS [3] (Secondary Ion Mass Spectroscopy), l'AES [4] (Auger Electron Spectroscopy), la MEB [5] (Microscopie Electronique à Balayage) et l'ESCA [6] (Electron Spectroscopy for Chemical Analysis).

Le présent travail développe une méthode d'analyse de surfaces par spectroscopie optique. Comme, elle a été développée par des chercheurs de différentes disciplines, elle est connue sous plusieurs acronymes : SIPS (Sputter Induced Photon

Spectroscopy), IBSCA (Ion Beam Spectrochemical Analysis), BLE (Bombardement-Induced Light Emission), SCANIIR (Surface Composition by Analysis of Neutral and Ion Impact Radiation) (voir Suchanska [7] pour plus de détails). Dans notre cas, nous désignons la technique sous le sigle SIPS puisqu'elle s'intéresse à l'étude des radiations électromagnétiques émises suite à la désexcitation de particules excitées issues de la pulvérisation d'une surface bombardée par des ions énergétiques. L'appareillage, que nous avons utilisé, permet d'explorer un domaine spectral s'étalant de 185 nm à 710 nm. L'identification des raies spectrales par la mesure des longueurs d'onde des photons émis permet de remonter à la nature des éléments éjectés et donc à la composition chimique de l'échantillon étudié. Ainsi, cette technique peut être développée pour la détection d'impuretés sur les couches superficielles des échantillons analysés. Cette méthode présente d'autres intérêts potentiels, notamment l'étude de l'interaction ions-surface et la compréhension du comportement d'un atome excité ou ionisé au voisinage d'une surface. De plus, cette technique a ouvert un champ d'investigation assez large dans le domaine de la recherche fondamentale, en effet des modèles ont émergé pour expliquer le mécanisme de formation et de désexcitation des espèces excitées responsables des radiations lumineuses. Elle est aussi un moyen intéressant pour l'étude du phénomène d'adsorption, d'ailleurs beaucoup de travaux ont été dédiés à l'analyse de surfaces en présence d'oxygène et son influence sur les émissions lumineuses [8]. Par conséquent, des modèles théoriques ont été aussi proposés pour expliquer la croissance de l'émission de lumière et des atomes excités pulvérisés, quand la surface cible est exposée au gaz d'oxygène. Nous pouvons mentionner ceux qui suggèrent la formation d'une nouvelle structure de bande sur la surface oxygénée, cette nouvelle couche est donc caractérisée par une bande d'énergie interdite, qui bloque le processus non-radiatif et par conséquent le signal lumineux s'intensifie. La valeur de ce gap fait actuellement l'objet de plusieurs controverses pour différents oxydes, notamment les oxydes de fer et de chrome. Ainsi l'un des objectifs essentiels de nos investigations consiste en la détermination de la valeur de ce gap pour la couche d'oxyde qui se forme sur les surfaces-échantillons.

Le présent travail est consacré à l'étude des échantillons fer, chrome et leurs oxydes sous forme de poudre. Nos expériences ont été réalisées sous vide et en présence d'oxygène afin d'élucider l'effet de l'oxygène sur les radiations optiques émises. Les résultats expérimentaux ont été interprétés dans le cadre du modèle d'échange d'électrons entre l'espèce excitée et la surface de l'échantillon bombardé. Ce modèle largement utilisé dans la littérature [8, 9] et très récemment par l'équipe dirigée par Kaddouri [10,11] permet d'une part, de bien expliquer l'origine des raies spectrales observées ainsi que l'exaltation de leurs intensités et d'autre part, d'estimer la valeur du gap de la couche d'oxyde formée sur l'échantillon oxygéné et des oxydes étudiés sous vide ainsi que leurs affinités électroniques.

Le présent travail est structuré en cinq chapitres :

- Dans le premier chapitre, nous donnons une synthèse sur le phénomène de pulvérisation afin de mieux comprendre les mécanismes impliqués dans l'interaction ions-matière ;
- Le deuxième chapitre est consacré à la description de quelques techniques de caractérisation utilisant des ions comme source d'excitation et nous décrivons le modèle théorique qui nous a servi de base à l'explication du comportement des raies d'émission en présence d'oxygène ;
- La description de l'appareillage utilisé, avec ses différents composants principaux, sera développée dans le troisième chapitre ;
- Les résultats expérimentaux obtenus lors de l'application de la technique SIPS sur l'échantillon fer et ses oxydes Fe_2O_3 et Fe_3O_4 et leurs interprétations avec le modèle d'échange d'électrons et le modèle de rupture de liaison « bond-breaking » feront l'objet du chapitre IV ;
- Les résultats d'analyse portant sur le chrome et son oxyde Cr_2O_3 et l'interprétation du comportement des raies d'émission avec les modèles d'échange d'électron et de rupture de liaison seront présentés dans le cinquième chapitre.

Nous terminerons par une conclusion générale et quelques perspectives.

Références

[1] D. David et R. Caplin, "Méthodes usuelles de caractérisation des surfaces", Société Française de Métallurgie, Ed. Eyrolles (1988).

[2] M. Hollas "High Resolution Spectroscopy", John Wiley & Sons, Chi-chester (1998)

[3] C. Mansilla, P. Philipp, and T. Wirtz, Nucl. Inst. and Meth. in phys. Res. B **269** (2010) 905.

[4] M. Bizjak, A. Zalar, P. Panjan, B. Zorko and B. Pracek, App. Surf. Sci. **253** (2007) 3977.

[5] C. Sorgi, and V. De Gennaro, Comptes Rendus Geosciences **339** (2007) 468.

[6] T. Yamashita and P. Hayes, Appl. Sur. Sci. **254** (2008) 2441.

[7] M. Suchanska, Progress in Surface Science, **54** (1997) 165 et références à l'intérieur.

[8] E. Veje, Surf. Sci. **110** (1981) 533.

[9] H. D. Hagstrum, Phys. Rev. **150** (1966) 459.

[10] A. Kaddouri, I. Ashraf, M. Ait El Fqih, H. Targaoui, A. El Boujlaid and K. Berrada, Appl. Sur. Sci. **256** (2009) 116.

[11] M. Ait El Fqih, A. El Boujlaidi, R. Jourdani and A. Kaddouri, Eur. Phys. J. D **63** (2011).

Chapitre I
Le phénomène de pulvérisation

I. Historique

Le phénomène de pulvérisation a été observé pour la première fois en 1852 par Grove [1], lors de la pulvérisation d'une cathode soumise à une décharge électrique, d'où l'appellation pulvérisation cathodique. Juste après, vient la découverte des rayons cathodiques (des rayons verts luminescents) par Plucker [2], en 1858 lors de l'établissement d'une forte tension électrique dans une ampoule dont on a pompé l'air, l'auteur a amélioré de ce fait un travail déjà entrepris par Geissler et initié auparavant par Faraday. La première émission d'atomes neutres et d'ions, résultant du bombardement d'une cible, a été observée par Thomson en 1910 après avoir établit en 1897 que les rayons cathodiques sont constitués de particules chargées négativement (électrons) arrachées à la matière, ce qui lui a valut un prix Nobel. En 1912 Stark et Wendt [3] ont observé des raies d'émission provenant de couches métalliques sous l'influence de rayons canaux (faisceau d'ions positifs), qu'ils ont attribué à la désexcitation des particules pulvérisées. En 1913, Thomson met à profit la déviation de particules dans un champ magnétique et inventa ainsi la spectrométrie de masse et prouva que certains éléments stables pouvaient exister sous différentes formes isotopiques. Vers 1918, Dempster [4], de l'université de Chicago, développa un instrument à champ magnétique équipé de la première source à impact électronique. Par ailleurs, en 1919 Aston perfectionna et découvrit des isotopes d'un grand nombre d'éléments non radioactifs. Quant à la technique BLE (Bombardment induced Light Emission), elle a été mise au point vers 1931. Comme le phénomène se produit prés de la cathode, les auteurs [5] ont expliqué l'émission de lumière par la désexcitation des atomes pulvérisés par les électrons libérés par la cathode sous impact d'ions. En 1932, Mayer utilisa un faisceau d'ions alcalins, pour ioniser des molécules gazeuses grâce à un faisceau d'électrons générés par un filament chauffé, ce fut la première expérience réalisée dans un vide poussé. Après cinq décennies, les travaux utilisant la technique BLE ont été repris en 1965 par Chaudri [6], le phénomène de pulvérisation a été mieux compris et interprété. Ce processus a suscité beaucoup d'intérêts et ses domaines d'applications se sont multipliés, notamment dans le dépôt de couches minces, l'analyse de surfaces, les plasmas crées par fusion thermonucléaire, la corrosion d'électrodes, voire même dans la préparation et le nettoyage des échantillons par abrasion ionique.

II. La pulvérisation

L'interaction d'un ion incident avec une surface solide déclenche plusieurs phénomènes. L'ion incident frappe successivement différents atomes ou ions (pour les composés ioniques) avec une énergie suffisante pour les déplacer. Ces atomes provoquent de nouvelles collisions qui engendrent un arrachement d'autres atomes de la surface. Les particules éjectées peuvent être des atomes neutres, des ions positifs ou négatifs, des électrons, voire même des photons (Figure I.1). C'est ce qu'on appelle le phénomène de pulvérisation. D'un point de vue purement qualitatif, on peut distinguer trois régimes de pulvérisation : Le régime des collisions simples, le régime des cascades linéaires et le régime de pointes thermiques ou "thermal spike" que nous allons détailler dans les prochains paragraphes. D'autres phénomènes peuvent naitre de cette interaction comme : l'implantation d'ions, les réactions nucléaires, etc. Il a été montré que les entités émises à l'état neutre sont les plus abondantes, d'ailleurs le rendement de pulvérisation est souvent assimilé au rendement des neutres.

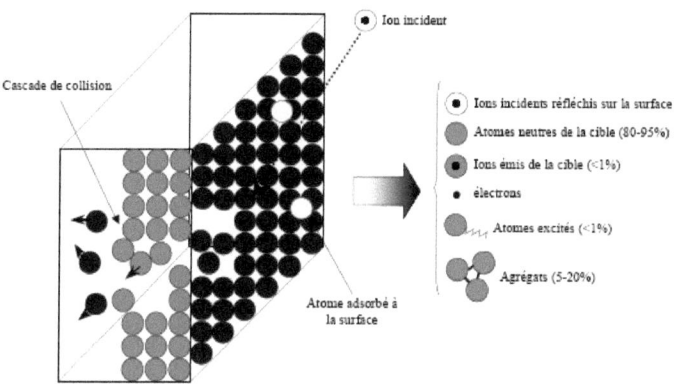

Figure I.1. Les différentes particules émises lors du bombardement d'une surface par des ions.

Le rendement de pulvérisation est défini comme étant le nombre d'atomes arrachés ou éjectées de la cible par ion incident :

$$Y = \frac{Nombre\ d'atomes\ éjectés}{Nombre\ d'ions\ incidents}$$

Le rendement peut être mesuré par la quantité de matière récoltée dans un angle solide donné, cette dernière correspond à la différence de masse de la cible avant et après bombardement. Plusieurs facteurs influent sur la valeur de ce rendement, notamment la structure cristalline de la cible, par exemple, le bombardement d'un film Ag par un faisceau d'ions Ar^+ de faible énergie, montre que le rendement est plus important suivant l'orientation cristallographique (111) [7]. Un résultat similaire a été trouvé par Usov *et al.* [8]. Une étroite dépendance de l'orientation cristallographique a été observée lors de l'analyse des dommages induits par un faisceau d'ions Ar^+ de 100 à 150 keV. La technique RBS (Rutherford Backscattering Spectroscopy) a montré que les dommages sont plus importants avec l'orientation (111) et moindre avec (110) [8]. L'orientation (110) est dite transparente, les particules pénètrent dans le réseau atomique sans céder la plus importante énergie cinétique (phénomène de canalisation). De plus le rendement dépend aussi de la nature de la cible et de l'état de sa surface, de la nature des ions incidents, de l'énergie des ions incidents et de l'angle d'incidence et enfin du degré du vide dans lequel s'effectue le bombardement. Des fois, ces différents facteurs dépendent l'un de l'autre, ce qui rend la détermination du rendement un peu délicate.

II.1. Régime des collisions simples ou de faibles rendements

Ce régime est assuré par des projectiles de faibles masses comme c'est le cas de l'ion H^+ ayant une énergie inférieure au keV. La création d'une cascade de recul est improbable avec la faible énergie transférée. A une incidence rasante, l'émission est plus élevée et la probabilité de déflexion est aussi élevée. Le rendement de pulvérisation dans ce régime est très inférieur à l'unité. La figure I.2.a montre le cas de la collision simple.

II.2. Régime des cascades linéaires de collisions

Une cascade est dite linéaire si le nombre d'atomes mis en mouvement est petit devant le nombre total d'atomes cibles dans le volume de la cascade (figure I.2.b). La densité d'énergie déposée dans le solide n'est pas importante, ce qui rend le rendement de pulvérisation faible devant le volume cible. Ce régime de collisions est rencontré pour des projectiles dont l'énergie cinétique est de l'ordre du keV jusqu'à quelques centaines de keV. L'estimation du rendement de pulvérisation dépend étroitement du potentiel de surface, puisque ce dernier constitue une énergie de coupure en dessous de laquelle les atomes ne peuvent plus être pulvérisés. Dans la plupart des cas, cette énergie est prise égale à l'énergie de sublimation du solide selon la topologie de la surface irradiée. Le rendement de pulvérisation est donné par Sigmund [9] :

$$Y = \Lambda F_D \tag{1}$$

$$F_D = \left(\frac{dE}{dx}\right)_n \alpha\left(\frac{M_2}{M_1}, \theta, E\right) \tag{2}$$

$$\Lambda = \frac{\Gamma_m}{8(1-2m)} \frac{1}{NC_m U^{1-2m}} \qquad (3)$$

F_D : énergie déposée par unité de longueur

Λ : constante du matériau qui contient le potentiel de surface

$\left(\dfrac{dE}{dx}\right)_n$ Pouvoir d'arrêt nucléaire

x : distance parcouru par le projectile à l'intérieur de la cible

α : fonction sans dimension du rapport des masses de l'atome cible et du projectile, de l'angle d'incidence et de l'énergie du projectile E

U : potentiel de surface

n : nombre d'atomes par unité de volume

Γ_m : quantité sans dimension dépendant de m, $\Gamma_m = \dfrac{m}{\Psi(1)-\Psi(1-m)}$ ou Ψ est la fonction gamma

C_m : paramètre de section efficace donné par : $C_m = \dfrac{1}{2}\pi\lambda_m a^2 \left(\dfrac{M_1}{M_2}\right)^m \left(2Z_1 Z_2 e^2 / a\right)^{2m}$

m est limité par : $0 \leq m \leq 1$

λ_m : constante sans dimension

a : le rayon d'écrantage

II.3. Régime des pointes de collisions

Dans ce cas, l'énergie déposée provoque des collisions avec un parcours moyen très court entre des atomes en mouvement (Figure I.2.c), ce qui crée un volume d'atomes en mouvement appelé pointe [10,11]. Les énergies moyennes par atome sont de l'ordre de l'énergie de sublimation, les atomes sont évaporés de la surface par la cascade dense et non collisions binaires. Le rendement de pulvérisation devient non linéaire avec l'énergie déposée [9] :

$$Y_{therm} = 0.036 \left(\frac{\lambda_0 a^2 F_D^2}{U^2}\right) g\left(\frac{U}{kT_0}\right) \qquad (4)$$

D'après Sigmund [9], la fonction $g\left(\dfrac{U}{kT_0}\right)$ ne peut pas être calculée analytiquement, mais les approximations suivantes peuvent être faites :

$$g\left(\dfrac{U}{kT_0}\right) = 1 - \dfrac{3}{2}\left(\dfrac{U}{kT_0}\right)^2 \quad \text{pour les petites valeurs de } \dfrac{U}{kT_0} \tag{5}$$

$$g\left(\dfrac{U}{kT_0}\right) = 3\exp\left(\dfrac{U}{kT_0}\right) \quad \text{pour les grandes valeurs de } \dfrac{U}{kT_0} \; (> \sim 5) \tag{6}$$

T_0 température initiale du cœur de la pointe au temps t_0, avec $kT_0 = \dfrac{F_D}{2\pi N \langle \rho_0^2 \rangle}$

k constante de Boltzmann

$\lambda_0 \approx 24$

$a = 0.219 \, \overset{o}{\text{A}}$

ρ_0 largeur initiale de la pointe

Le rendement total de pulvérisation est la somme des rendements linéaire et thermique : $Y = Y_{lin} + Y_{therm}$. Tous les modèles ayant décrit ce phénomène de pulvérisation dans le régime de pointe postulent que la durée de vie de la pointe est plus grande que celle de la cascade linéaire [12,13]. Il est à noter que ces régimes diffèrent par la densité d'atomes mis en mouvement.

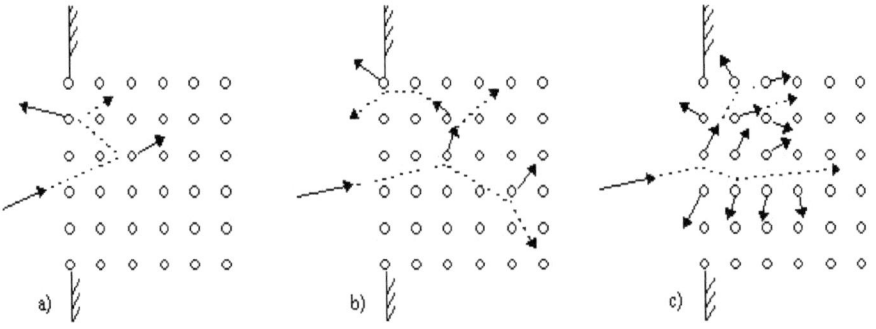

Figure I. 2. Les différents régimes de la pulvérisation

III. Interaction ion-matière

Lorsque des ions incidents pénètrent un solide, ces derniers transfèrent leur énergie cinétique aux atomes de la cible à travers de nombreuses collisions. Les ions incidents peuvent être rétrodiffusés, ils peuvent aussi s'infiltrer dans le cœur et s'implanter. Dans le cas particulier des cibles minces, certains d'entre eux peuvent les traverser. Lors de la collision, si l'énergie cinétique totale est conservée ainsi que la quantité de mouvement on parle de collision élastique par contre si l'énergie est transférée aux électrons du milieu on parle de collision inélastique. De plus le long du passage de l'ion, des endommagements de la surface apparaissent, leur nature et leur importance sont fortement dépendantes de l'énergie linéique déposée (dE/dx) lors de l'interaction du projectile avec le solide. En traversant la matière, les particules incidentes perdent leurs énergies sur leurs parcours, le pouvoir d'arrêt défini la perte moyenne d'énergie de la particule par distance parcourue.

III.1. Collisions élastiques

Dans une collision élastique entre un projectile et les atomes d'une cible, l'énergie cinétique et la quantité de mouvement sont conservées. Ce type de collisions est rencontré lors des interactions avec des particules isolées, *i.e.* cas des gaz parfait. Ainsi la population électronique de l'atome cible n'est pas modifiée lors de ce type de collisions. D'ailleurs les collisions ion-atome à faible énergie cinétique sont souvent traitées comme des collisions élastiques en première approximation. La figure I. 3 représente une collision à deux corps.

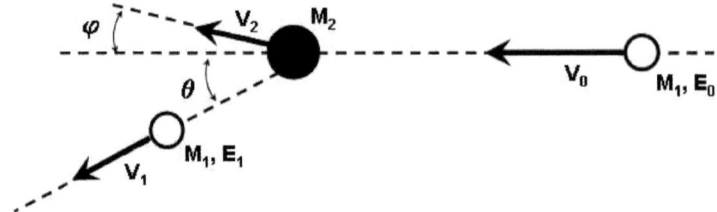

Figure I. 3. Collision élastique entre deux particules.

Le facteur cinématique K, correspondant au rapport entre l'énergie E_1 du projectile après la collision et son énergie initiale E_0, ainsi que le transfert maximum d'énergie T_{max} sont exprimés par les relations suivantes :

$$\frac{E_1}{E_0} = \left(\frac{M_1 \cos\theta \pm \sqrt{M_2^2 - M_1^2 \sin^2\theta}}{M_1 + M_2} \right)^2 \quad (7)$$

$$T_{max} = \frac{4M_1 M_2}{(M_1 + M_2)^2} E_0 \quad (8)$$

On remarque que l'énergie transférée est maximale lorsque $M_1 = M_2$ ($T_{max} = E_0$). Lorsque $M_1 < M_2$, une collision à paramètre d'impact nul (collision frontale) entraîne une rétrodiffusion du projectile et lorsque $M_1 \geq M_2$, le projectile ne peut être diffusé qu'à des angles $\theta \leq 90°$ (diffusion vers l'avant). Si $M_1 >> M_2$ alors $T_{max} = (4M_2 / M_1) E_0$ et l'énergie transférée depuis le projectile vers la cible est alors très faible.

- **Pouvoir d'arrêt nucléaire**

Le transfert d'énergie par collisions élastiques entre le projectile et les atomes cibles est appelé perte d'énergie nucléaire. La contribution nucléaire intéresse les basses énergies, mais si la masse de l'ion devient plus grande, la contribution nucléaire croit aussi. Pour les énergies pas très hautes, le pouvoir d'arrêt est la somme de deux contributions : nucléaire et électronique. Dans le cas de faibles énergies, la surface de collision devient grande et les sections efficaces d'interaction entre l'ion et l'atome deviennent considérables. Dans le cas de l'interaction avec un ion incident, la théorie LSS (Lindhard, Scharff, Schiott) [15] montre, en tenant compte de l'écrantage de la charge ponctuelle du noyau cible par son cortège d'électrons, que la perte d'énergie linéique s'écrit :

$$\left(-\frac{dE}{dx}\right)_n = 4\pi Na \frac{M_1}{M_1+M_2} Z_1 Z_2 e^2 \left(-\frac{d\varepsilon}{d\rho}\right)_n \quad (9)$$

avec

$$\rho = 4\pi Na^2 \frac{M_1 M_2}{(M_1+M_2)^2} x \quad (10)$$

où x est le chemin parcouru dans la cible de densité atomique N.
L'expression analytique donnée par Biersack [16] s'écrit :

$$\left(-\frac{d\varepsilon}{d\rho}\right)_n = \frac{0,5\ln(1+\varepsilon)}{\varepsilon + 0,10718\varepsilon^{0,37544}} \quad (11)$$

$$\varepsilon = \frac{a}{r_m^0} = \frac{M_2}{M_1+M_2} \frac{a}{Z_1 Z_2 e^2} E \quad (12)$$

ε est l'énergie réduite,
a est le rayon d'écran,
r_m^0 est le diamètre de collision ou alors la distance minimale d'approche à paramètre d'impact nul.
Dans le cadre de collisions élastiques intervenant dans un potentiel coulombien,

$$V(r) = \frac{Z_1 Z_2}{r} \quad (13)$$

la perte d'énergie linéique est donnée par :

$$\left(-\frac{dE}{dx}\right)_n = 2\pi N \frac{M_1}{M_2} \frac{Z_1^2 Z_2^2 e^4}{E_0} \ln\left(\frac{T_{max}}{T_{min}}\right) \quad (14)$$

avec $T = E_0 - E_1$ est l'énergie transférée à l'atome de la cible ;
N nombre de particules diffusantes par unité de volume ;

M_1 et M_2 sont les masses des particule incidente et cible respectivement ;
E_0 et E_1 sont les énergies initiale et finale de la particule projectile.

III.2. Collisions inélastiques

Dans le cas des collisions inélastiques, la totalité ou une partie de l'énergie cinétique des corps en collision est transformée en énergie interne au moins dans l'un des corps. Par conséquent l'énergie cinétique totale du système de particules n'est pas conservée. Dans le cas d'une collision ion-atome, chacun des deux partenaires peut voir sa population électronique modifiée. Les modifications de configuration électronique des deux partenaires sont dues aux processus fondamentaux intervenant lors de la collision inélastique. Les processus essentiels sont : la capture, l'excitation et l'ionisation. La contribution de chaque mécanisme dépend de la nature du projectile et de sa vitesse ainsi que de la nature de la cible. La capture est prédominante à basse vitesse du projectile, à grande vitesse l'excitation et l'ionisation sont les phénomènes dominants, quand aux vitesses intermédiaires les trois processus sont en compétition. Les trois processus sont quasi équiprobables lorsque la vitesse du projectile est proche de la vitesse de Bohr ($2,2.10^6$ m.s^{-1}).

- **Pouvoir d'arrêt électronique**

Le pouvoir d'arrêt *électronique* correspond au ralentissement de l'ion projectile par interaction avec les électrons de la cible. En effet, c'est une conséquence des collisions inélastiques entre les électrons du matériau et l'ion projectile. Ces collisions engendrent des excitations et ionisations des électrons du matériau et ceux de l'ion. Pour des vitesses de projectile inférieures à la vitesse de Bohr ($v \leq e^2/\hbar = v_{Bohr}$) le pouvoir d'arrêt électronique peut être calculé dans le cadre de la théorie LSS [15] :

$$\left(-\frac{dE}{dx}\right)_e = 8\pi N Z_1^{1/6} e^2 a_0 \frac{Z_1 Z_2}{\left(Z_1^{2/3} + Z_2^{2/3}\right)^{3/2}} \left(\frac{v}{v_0}\right) \quad (15)$$

où v vitesse de la particule incidente

E : énergie de la particule incidente

x : longueur du chemin

e : charge élémentaire

$a_0 = 0.529 A°$ rayon de Bohr

A : nombre de masse

Z : nombre atomique

$v_{Bohr} = v_0$ (vitesse de Bohr est la vitesse de l'électron sur l'orbitale 1s de l'atome d'hydrogène).

Pour des vitesses de projectile très grandes devant la vitesse de Bohr ($v >> e^2/\hbar$) mais suffisamment petites pour négliger les effets relativistes, le pouvoir d'arrêt électronique dans l'approximation coulombienne est donné par Bohr [17] :

$$\left(-\frac{dE}{dx}\right) = 2\pi(NZ_2)\frac{M_1}{m_e}\frac{Z_1^2 e^4}{E_0} \ln\left(\frac{T_{max}}{T_{min}}\right) \quad (16)$$

où NZ_2 représente la densité volumique d'électrons

E_0 énergie initiale du projectile

m_e masse de l'électron mesurée en kilogramme.

IV. Paramètres de bombardement

Lors d'un bombardement ionique d'une cible, plusieurs paramètres peuvent influer sur le rendement de pulvérisation, nous rappelons ci-dessous les plus importants tels que : l'énergie des ions incidents, l'angle d'incidence, la pression résiduelle etc.

IV. 1. Energie et nature des ions incidents

Carter et al. [18] ont montré que l'évolution du rendement de pulvérisation en fonction de l'énergie des projectiles pour les cibles Cu, Ni, Mo, Fe et W, présente un seuil de pulvérisation au-dessus de 10 keV. Le rendement de pulvérisation croît en moyenne jusqu'à 10 keV, varie très peu dans la gamme d'énergie allant de 10 à 100 keV et décroît à partir de 100 keV. Ces résultats obtenus expérimentalement par différents auteurs ont fait aussi l'objet d'une simulation avec le code Monte Carlo ACAT [19] (voir figure I.4). Ces derniers trouvent leur explication dans le fait que pour des énergies relativement élevées, les ions atteignent les couches les plus profondes de la cible et par conséquent la pénétration des ions augmente, ainsi les ions s'implantent et créent des défauts. En raison de cette implantation, l'énergie communiquée par le projectile aux couches les plus externes devient donc très faible et la probabilité d'éjection des atomes hors de la cible va ainsi diminuer. La technique de mesure de perte de masse par microbalance à quartz a été utilisée par Sporn et collaborateurs [20] pour l'étude de la pulvérisation de l'oxyde de silicium (SiO_2) à basse énergie en fonction de la charge du projectile. Leurs résultats montrent un accroissement du rendement de pulvérisation en fonction de l'état de charge du projectile et de son énergie cinétique qui varie entre 100 eV et 1000 eV (Figure I.5), on conclu que plus la charge et l'énergie sont importantes plus le rendement est élevé. Par ailleurs, la figure I.6 (a) montre l'évolution du rendement de pulvérisation en fonction de l'énergie incidente pour différentes cibles bombardées par des ions argon. La figure I.6 (b) montre la même évolution pour du tungstène bombardé par différents projectiles. Les résultats indiquent un seuil de pulvérisation à 25 eV. Le taux de pulvérisation croit rapidement en fonction de l'énergie incidente, jusqu'à environs 120 eV.

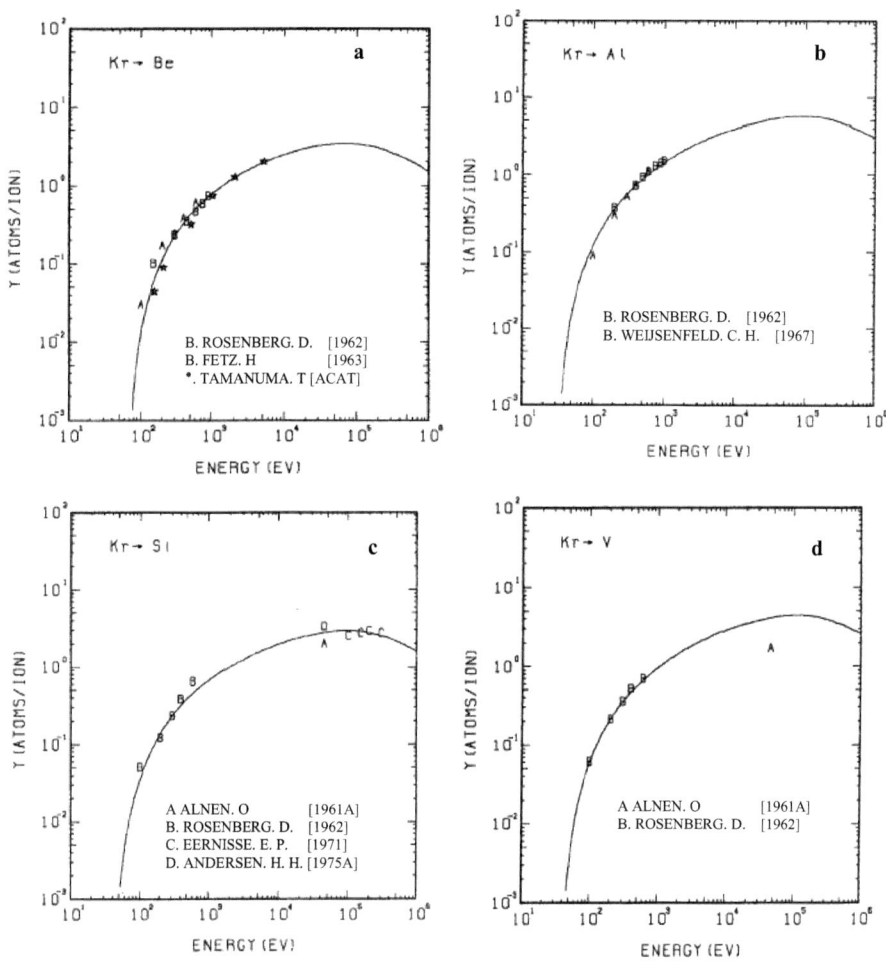

Figure I. 4. Rendement de pulvérisation obtenu par simulation (code ACAT) en fonction de l'énergie du projectile Kr^+ pour différentes cibles.
a) béryllium, b) aluminium
c) silicium, d) vanadium [19].

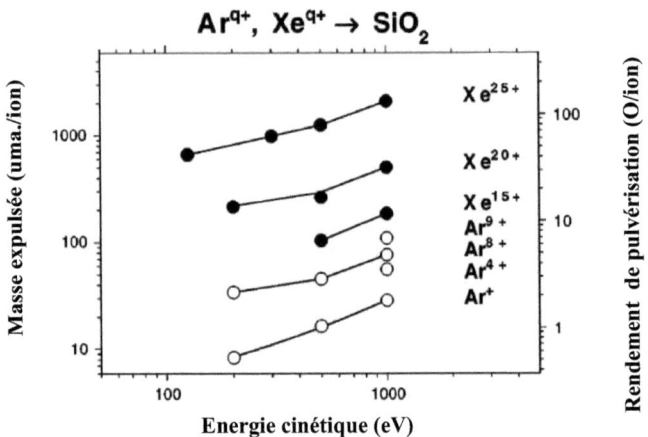

Figure I. 5. Rendement de pulvérisation de SiO_2 irradié par des ions Ar^{q+} (1<q<9) et Xe^{q+} (15 < q < 25) d'énergie cinétique comprise entre 100 et 1000 eV [20]

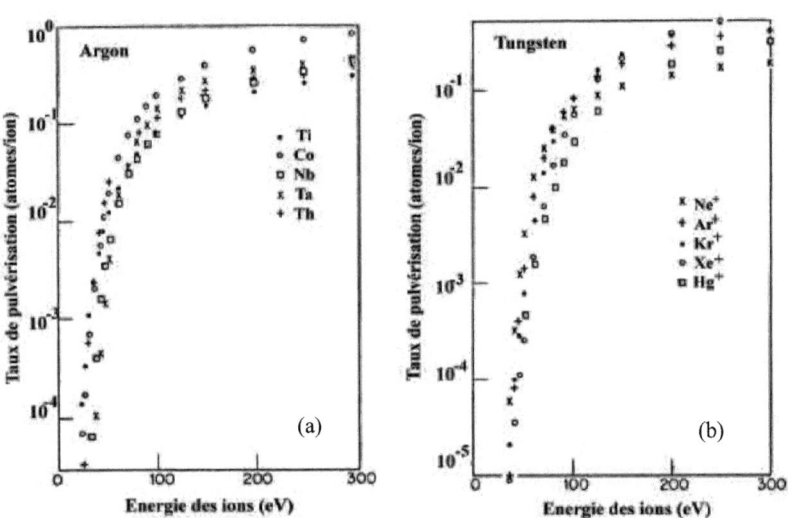

Figure I. 6. (a) Variation du taux de pulvérisation de différents métaux bombardés par des ions argon ;
(b) variation du taux de pulvérisation du tungstène bombardé par différents ions incidents [21].

IV.2. Angle d'incidence

Il est connu que l'intensité des raies dépend fortement de l'angle d'attaque. Ainsi, pour optimiser le rendement, nous avons varié l'angle d'incidence. La figure I.7 [22] représente la dépendance angulaire du rendement de pulvérisation dans le cas du cuivre. Nous observons une augmentation du rendement de pulvérisation avec l'angle d'incidence jusqu'à un maximum repéré entre 55° et 80° par rapport à la normale à la surface de l'échantillon. Pour des angles supérieurs à 80°, le rendement de pulvérisation décroît brutalement, nous constatons la faible pénétration des ions incidents. Dans ce cas les ions incidents sont plutôt rétrodiffusés par les atomes de la surface. Par ailleurs Sigmund [14] a montré que, pour des petits angles θ (θ étant l'angle que fait la direction des ions incidents avec la normale à la surface), le rendement de pulvérisation, **Y,** est décrit par la loi $cos^{-f}\theta$, où f est un coefficient qui dépend du rapport $A = M_1/M_2$ (M_1 est la masse de l'ion incident et M_2 celle des atomes de la cible). Ce modèle conduit pour $A<3$ à une valeur constante de f égale à 5/3, alors que pour $M_1 \ll M_2$, la représentation suit en général une loi en $cos^{-1}\theta$. Pour généraliser sur toute la gamme des angles d'incidence, Yamamura *et al.* [23] ont proposé une formule d'ajustement du rendement de pulvérisation en fonction de l'angle d'incidence :

$$\frac{Y(E_0,\theta)}{Y(E_0,0)} = \frac{e^{\left(f\left[1-\frac{1}{\cos\theta}\right]\cos\theta_{opt}\right)}}{\cos^f \theta} \qquad (17)$$

où $Y(E_0, \theta)$ est le rendement à une énergie E_0 et à un angle d'incidence θ, où f et θ_{opt} sont des paramètres d'ajustement déduits à partir des données expérimentales [24]. θ_{opt} est l'angle d'incidence correspondant au maximum du rendement de pulvérisation, compris entre 55° et 85° et dépendant du rapport des masses A et de l'énergie du projectile.

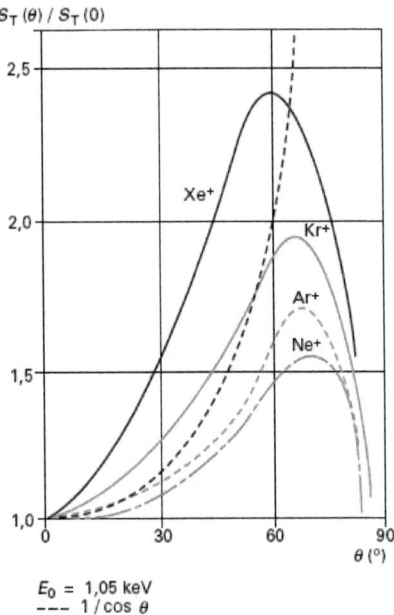

Figure I. 7 : Variation du rendement de pulvérisation (relativement à $S_T(0)$) avec l'angle d'incidence pour différents faisceaux primaires à 1.05 keV sur une cible de cuivre [22]

La figure I.8 montre que le rendement de pulvérisation augmente avec l'angle d'incidence puis atteint un maximum pour des angles généralement compris entre 60° et 80° [25]. Pour des énergies de l'ordre du keV, les rendements de pulvérisation calculés et obtenus expérimentalement sont en accord jusqu'aux angles d'incidence avoisinant 60°. Quant aux basses énergies, l'accord est observé pour des angles inférieurs à 40°. Pour la même énergie d'incidence, l'accord est meilleur pour des projectiles légers. En d'autre termes, l'énergie déposée à la suite de la cascade de collisions dans les couches les plus externes et le nombre d'atomes déplacés dans cette région augmente avec l'angle θ. Cependant pour des angles supérieurs à 80°, le rendement de pulvérisation décroît brutalement. Cela traduit le fait que les ions incidents pénètrent moins dans le solide et sont, à priori, rétrodiffusés par les atomes de la surface.

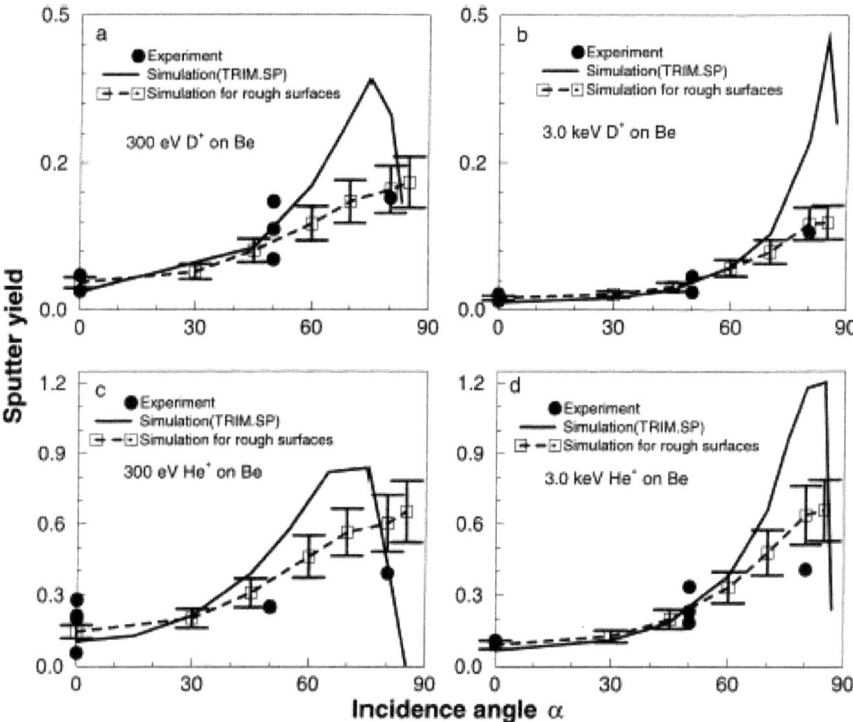

Figure I. 8. Rendement de pulvérisation du béryllium (rugueux) bombardé par des ions D^+ et He^+ à 3 et 300 keV en fonction de l'angle d'incidence α par rapport à la normale à la surface bombardée (simulation et expérience) [25].

IV.3. Effet de l'atmosphère résiduelle

La pression du gaz résiduel au voisinage de l'échantillon bombardé influe de façon importante sur le rendement de pulvérisation. Cet effet devient plus important lors de l'introduction de composés chimiquement actifs tels que l'oxygène. La figure I.9 montre le comportement du rendement en fonction de la pression résiduelle lors du bombardement d'une cible de silicium par des ions Ar^+ d'énergie 5,5 keV [26]. Pour une pression inférieure à 10^{-5} Torr le rendement ne varie pas, alors que pour des pressions supérieures, celui-ci décroit brusquement. La décroissance du rendement s'explique par le fait que les atomes d'oxygène adsorbés à la surface conduisent à un réarrangement d'atomes de surface, qui fait que la pénétration des ions incidents soit réduite et par conséquent le déplacement des atomes dans les couches les plus externes est moins probable et donc leur éjection est moins favorable. Kaddouri *et al.* [27] ont montré, dans de nombreux travaux notamment ceux portant sur le silicium, que la présence d'oxygène modifie la structure de bande de la surface bombardée. En effet, la présence d'oxygène s'accompagne d'une chimisorption et l'apparition d'une couche superficielle d'oxyde.

Par ailleurs, Ishizuka *et al.* [28] ont mis en évidence l'effet d'hydrogène sur des films minces de Cu_2O dopés en nitrogène N_2. Les mesures ont révélé une nette augmentation de la mobilité de Hall et de la résistivité. Cependant une décroissance de la densité de trous est observée. Le changement constaté est une preuve que des réactions chimiques se produisent en présence de gaz réactifs. Dans ce présent travail nous avons constaté que lors du bombardement du fer pur en présence d'oxygène une couche d'oxyde Fe_2O_3 se forme. La vitesse de décapage de la surface cible est visiblement inférieure à celle de la croissance des couches d'oxyde formées. Nous y reviendrons plus en détails dans le chapitre IV.

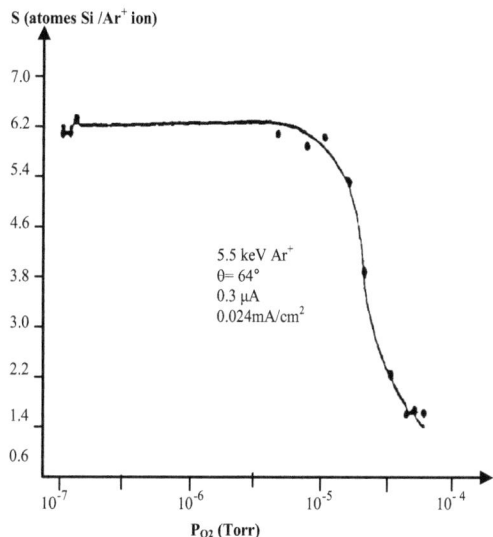

Figure I. 9. Variation du rendement total de pulvérisation du silicium en fonction de la pression partielle d'oxygène [26]

V. Dommages induits par un faisceau d'ions

Il est très connu que le bombardement des surfaces par des ions énergétiques induit certains dommages qui conduisent souvent à une implantation ou à la rugosité de la surface, ainsi le rendement de pulvérisation peut être altéré.

V.1. Implantation et mixage ionique

Un ion pénétrant un solide suit une trajectoire en subissant des chocs avec les noyaux de la cible jusqu'à son arrêt complet. Dans la dernière partie de son parcours, l'ion crée des dommages. L'implantation ionique peut créer des quasi-cristaux et des métaux amorphisés (des structures loin de l'équilibre) [29]. Des modifications dans les propriétés mécaniques sont observées dans les métaux, nous mentionnons la meilleure résistance à la corrosion et à l'oxydation qui a fait l'objet de plusieurs travaux [30]. De plus, un comportement ferromagnétique a été observé dans le cas du dioxyde de titane implanté par des ions de Fe^+ à 100 keV [31]. Par ailleurs, les travaux de Marques *et al.* [32] ont montré que les propriétés structurales et optiques de $\alpha-Al_2O_3$ ont été modifiées sous bombardement d'ions Au^+ de 160 keV. Notons que dans leurs travaux, l'amorphisation est observée à partir de 129 nm [32]. Quant au mixage ionique, la technique IBAD (Ion Beam Assisted Deposition) est très sollicitée. Le principe étant l'arrosage avec un faisceau d'ions d'une surface sur laquelle on fait évaporer un autre élément. Les deux éléments réagissent durant la déposition et une couche mixte ayant une bonne adhésion peut être produite à la surface. Le taux de mixage est proportionnel à l'énergie de dommage déposée [33]. La création initiale d'une onde de choc avec la variation de la température dans le substrat durant le mixage peut avoir un effet marqué ; voire la création de lacunes dans la matrice et par conséquent affecter l'inter-diffusion subséquente entre les deux types d'atomes.

V.2. Rugosité induite par un faisceau d'ions

Le développement de la rugosité s'explique par le processus de la pulvérisation. Ce dernier a été étudié à travers deux modèles différents. Le premier tient compte de la nature stochastique de la pulvérisation [34] où l'érosion est traitée à l'échelle microscopique comme un déplacement aléatoire des atomes de la surface dans le temps et dans l'espace mais ne prévoit pas la formation des ondulations. La deuxième approche traite l'érosion à l'échelle macroscopique. La rugosité est présente sous forme de facettes et l'angle local d'incidence change entre ces deux facettes, c'est à dire les différentes facettes sont pulvérisées avec des taux différents.

La figure I. 10 [35] montre la différence entre deux images de silicium (100), obtenues par un microscope optique, la première (A) présente l'état de la surface de

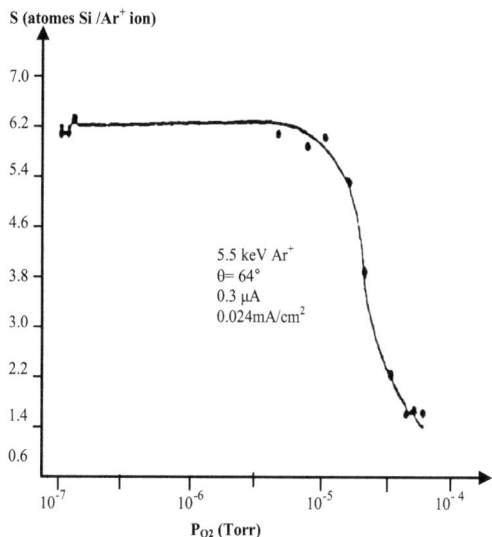

Figure I. 9. Variation du rendement total de pulvérisation du silicium en fonction de la pression partielle d'oxygène [26]

V. Dommages induits par un faisceau d'ions

Il est très connu que le bombardement des surfaces par des ions énergétiques induit certains dommages qui conduisent souvent à une implantation ou à la rugosité de la surface, ainsi le rendement de pulvérisation peut être altéré.

V.1. Implantation et mixage ionique

Un ion pénétrant un solide suit une trajectoire en subissant des chocs avec les noyaux de la cible jusqu'à son arrêt complet. Dans la dernière partie de son parcours, l'ion crée des dommages. L'implantation ionique peut créer des quasi-cristaux et des métaux amorphisés (des structures loin de l'équilibre) [29]. Des modifications dans les propriétés mécaniques sont observées dans les métaux, nous mentionnons la meilleure résistance à la corrosion et à l'oxydation qui a fait l'objet de plusieurs travaux [30]. De plus, un comportement ferromagnétique a été observé dans le cas du dioxyde de titane implanté par des ions de Fe^+ à 100 keV [31]. Par ailleurs, les travaux de Marques *et al.* [32] ont montré que les propriétés structurales et optiques de α-Al_2O_3 ont été modifiées sous bombardement d'ions Au^+ de 160 keV. Notons que dans leurs travaux, l'amorphisation est observée à partir de 129 nm [32]. Quant au mixage ionique, la technique IBAD (Ion Beam Assisted Deposition) est très sollicitée. Le principe étant l'arrosage avec un faisceau d'ions d'une surface sur laquelle on fait évaporer un autre élément. Les deux éléments réagissent durant la déposition et une couche mixte ayant une bonne adhésion peut être produite à la surface. Le taux de mixage est proportionnel à l'énergie de dommage déposée [33]. La création initiale d'une onde de choc avec la variation de la température dans le substrat durant le mixage peut avoir un effet marqué ; voire la création de lacunes dans la matrice et par conséquent affecter l'inter-diffusion subséquente entre les deux types d'atomes.

V.2. Rugosité induite par un faisceau d'ions

Le développement de la rugosité s'explique par le processus de la pulvérisation. Ce dernier a été étudié à travers deux modèles différents. Le premier tient compte de la nature stochastique de la pulvérisation [34] où l'érosion est traitée à l'échelle microscopique comme un déplacement aléatoire des atomes de la surface dans le temps et dans l'espace mais ne prévoit pas la formation des ondulations. La deuxième approche traite l'érosion à l'échelle macroscopique. La rugosité est présente sous forme de facettes et l'angle local d'incidence change entre ces deux facettes, c'est à dire les différentes facettes sont pulvérisées avec des taux différents.

La figure I. 10 [35] montre la différence entre deux images de silicium (100), obtenues par un microscope optique, la première (A) présente l'état de la surface de silicium initiale (une surface relativement plane et lisse) et la deuxième (B) représente l'état de la surface en fond de cratère après bombardement ionique (une surface complètement rugueuse). Cette rugosité peut avoir deux origines distinctes.

a) Une rugosité induite par le faisceau primaire pouvant être due à une mauvaise focalisation sur les bords du cratère, aux effets de l'inclinaison du faisceau, aux défauts de balayage et à la variation de l'angle d'incidence lors du balayage [36].

b) Une rugosité induite à la surface de l'échantillon, où il apparaît un relief sous forme d'ondulations ou de vagues perpendiculaires à un vecteur d'onde, aligné avec la direction du bombardement pour les incidences faibles et perpendiculaire à cette direction pour les incidences importantes, ainsi que sous la forme des cônes et pyramides [37]. Elle apparaît lorsque le taux de pulvérisation connaît une variation locale pendant l'analyse, même lorsque le faisceau primaire est focalisé correctement (y compris sur des échantillons dont la surface initiale est plane). La figure I.11 [35] présente des images obtenues par un microscope à force atomique (AFM). Ces dernières montrent que la rugosité peut naître à la surface de l'échantillon à partir de défauts ou d'impuretés qui se développent dans la direction du faisceau primaire.

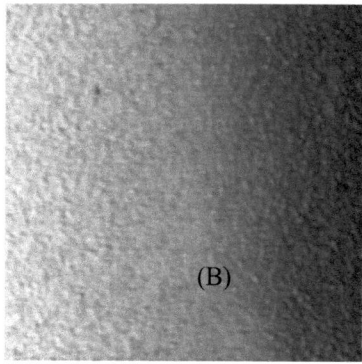

Figure I. 10. Images optiques, (A) représente la surface initiale Si (100) vierge et (B) représente le fond du cratère après l'analyse SIMS [35].
Notons que l'échelle n'est pas donnée par l'auteur.

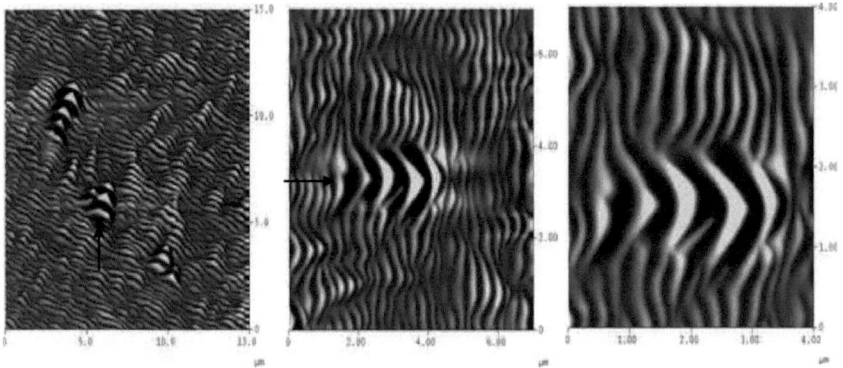

Figure I. 11. Développement de la rugosité à la surface de l'échantillon, la flèche montre la direction du faisceau d'ions primaires [35].

La figure I. 12 [35] montre l'influence de l'état de surface initiale sur le développement de la rugosité. Les échantillons sont analysés dans des conditions d'analyse SIMS (3.5 KeV, O^+_2). La rugosité est moins prononcée pour la surface initiale lisse (Implantation d'hélium). Par contre, elle est très marquée pour une surface rugueuse (Implantation d'hélium + traitement Plasma).

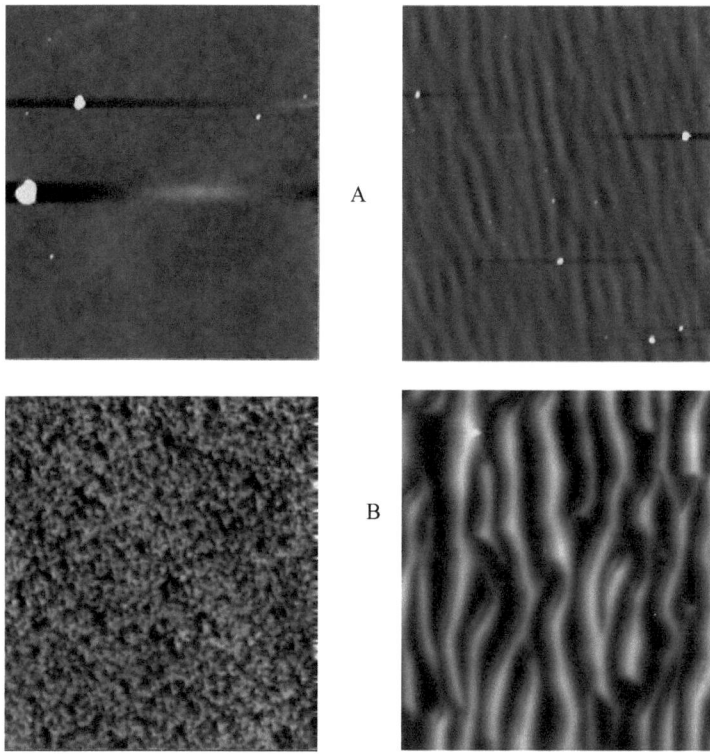

Figure I. 12. Images AFM (5x5) µm : différence de rugosité pour une surface initiale lisse (A) et pour une surface initiale rugueuse (B) (les échantillons proviennent du laboratoire de Micro-Electronique de Puissance « Université de TOURS ») [35].

V.3. Influence de la rugosité sur le taux de pulvérisation

Adams *et al.* [38] ont étudié la morphologie de la surface de carbone sous incidence ionique Ga^+ d'énergie 20 keV et ont déterminé l'effet de l'érosion sur les produits pulvérisés pour des angles allant de 0° à 80°. Les auteurs [38] ont observé des ondulations sinusoïdales qui se sont développées en fonction de l'angle d'incidence et une diminution du rendement avec l'accroissement de la longueur d'onde de ces ondulations. La rugosité apparaît lorsque le taux de pulvérisation connaît des minima marqués et d'après Carter elle apparait quand l'angle d'incidence correspond à une direction de canalisation du réseau cristallin [38]. Une étroite dépendance entre l'orientation de la surface et le développement de la rugosité a été aussi observée par Fares *et al.* [39] dans le cas du silicium. Comme conséquence de l'apparition de la rugosité de la surface, nous mentionnons la diminution de la vitesse d'érosion. Avant le développement de la rugosité, le relief de la surface est pratiquement nul. Après le développement de la rugosité, le relief de la surface développe des ondulations. Le rapport des vitesses v_r/v_p (v_r vitesse avant l'apparition de la rugosité et v_p vitesse après l'apparition de la rugosité) est calculé à partir du logiciel SRIM (Stopping and Range of Ions in Matter) [40]. Ce dernier permet de calculer les distributions en fonction de la profondeur des ions incidents implantés, des déplacements induits dans la cible et de l'énergie déposée par ionisation dans la cible. Les angles des facettes sont mesurés pour les conditions SIMS suivantes (5,5 keV de O_2^+; 42,4°). Le rapport des vitesses est de $v_r/v_p = 0.89$, donc la vitesse d'érosion a diminué de 11 % à cause de la rugosité [35]. Pour les mêmes conditions de bombardement le taux de pulvérisation croit avec E_p et passe par un minimum pour l'incidence normale et par un maximum pour l'incidence oblique à environ 80°. Le taux de pulvérisation est sensible à une loi en $1/cos\theta$, (théorie de Sigmund) dans la gamme allant de 20° à 70°. Par contre la chute de rendement aux grands angles (>70°) est due à la rétrodiffusion des projectiles à la surface. L'existence de la topographie de la surface et le développement de la rugosité explique la dispersion du résultat expérimental autour de la loi en *1/cosθ*.

VI. La pulvérisation préférentielle

La pulvérisation préférentielle est due à la différence d'énergie transférée aux atomes de la cible, voire même l'énergie de liaison des composants. La présence de constituants de masses différentes influence le transfert d'énergie dans le matériau, ce qui modifie par conséquent le déroulement des cascades de collisions initiées par l'ion incident et qui sont différentes de celles d'une cible pure. L'inhomogénéité de composition du solide, ainsi que celle provoquée par l'érosion ionique, voire la ségrégation d'un élément à la surface, ainsi que les modifications chimiques dues à la formation et la diffusion d'espèces instables rendent la pulvérisation d'un composé très complexe. La complexité réside dans la nécessité de contrôler la composition de la surface du solide bombardée et de la matière pulvérisée.

La pulvérisation préférentielle a été étudiée par Betz et Wehner [41], Sigmund et Oliva [42], et Gnaser [43]. Ce décapage préférentiel fait que la surface cible s'enrichit avec la composante la moins pulvérisée et s'appauvrit en celui qui se pulvérise préférentiellement jusqu'à un équilibre déterminé par le rapport des rendements de décapage des atomes impliqués.

Pour un alliage binaire, les rendements partiels S_{AB}^A et S_{AB}^B des deux constituants sont d'une part proportionnels aux concentrations en volume C_V^A et C_V^B ainsi qu'au rendement total S_{AB}

$$S_{AB}^A = S_{AB} \, C_V^A \quad \text{et} \quad S_{AB}^B = S_{AB} \, C_V^B$$

avec

$$S_{AB} = S_{AB}^A + S_{AB}^B$$

et d'autre part aux concentrations en surface :

$$S_{AB}^A = P_A C_S^A \qquad S_{AB}^B = P_B C_S^B$$

où P_A (P_B) représente la probabilité d'éjection de chaque atome A (B)

$$\frac{S_{AB}^A}{S_{AB}^B} = \frac{C_V^A}{C_V^B} = \left(\frac{P_A}{P_B}\right)\left(\frac{C_S^A}{C_S^B}\right)$$

Le tableau I.1 donne quelques observations faites sur des alliages binaires ainsi que sur les métaux purs soumis à un bombardement ionique par des ions Ar^+ (0.6 eV à 2 eV) [44].

Systéme A-B	Rapport des masses M_A/M_B	Rapport des énergies de liaison U_A/U_B	Surface enrichie par	Rapport $\frac{S_{AB}^A}{S_{AB}^B}$	Rapport $\frac{S_A^A}{S_B^B}$
Ag-Au	0.5	0.78	Au	1.7-1.8	1.1
Ag-Pd	1.0	0.76	Pd	1.6-3.4	1.9
Cu-Ni	1.1	0.79	Ni	1.7	1.7
Cu-Pt	0.3	0.60	Pt	1.6-3.0	1.5
Al-Si	1.0	0.71	Si	2.6	2.3
Ni-Pt	0.3	0.76	Pt	1.5-1.9	1.0
Ni-Co	1.0	1.01	Ni	1.1	1.1
Fe-Ni	1.1	1.03	-	1.0	1.3
Fe-Cr	1.1	1.05	-	1.0	1.0-1.3
Au-Pd	1.8	0.79	Pd	1.0-1.4	1.3
U-Nb	2.6	0.71	Nb	1.7	1.5

Tableau I. 1. Observations faites sur des alliages binaires ainsi que sur des métaux purs soumis à un bombardement ionique par des ions Ar^+ [44].

Références

[1] W. R. Grove, Phil Trans. R. Soc. **142** (1852) 87.

[2] J. Plucker, The London, Edimburgh and Dublin Phil Mag **16** (1858) 409.

[3] J. Stark and G. Wendt, Ann. Physik **38** (1912) 669.

[4] H. E. Duckworth, « Mass Spectroscopy », First edition, Cambridge University Press, 1958.

[5] A. Güntherschulze and F. Keller, Z. Physik **71** (1931) 246; **75** (1932) 105; **79** (1933) 563.

[6] R. M. Chaudri, M. Y. Khan and A. L. Tasser, Nature **177** (1956) 1225.

[7] T. Feng, B. Jiang, S. Zhuo, and X. Liu, Appl. Surf. Sci. **254** (2008) 1565.

[8] I. O. Usov, P. N. Arendt, J. R. Groves, L. Stan, and R. F. Depaula, Nucl. Instr. and Meth. in Phys. Res. B **240** (2005) 661.

[9] P. Sigmund, Phys. Rev. **184** (1969) 383 ; **187** (1969) 768.

[10] D. A.Thompson, Radiat. Eff. ,**56** (1981) 105.

[11] R. Kelly, Surf. Sci. **90** (1979) 280.

[12] H. M. Urbassek and J. Michl, Nucl. Instrum. and Meth. B **22** (1987) 480.

[13] I.S.Bitensky and E. Parilis, Nucl. Instrum. and Meth. B **21** (1987) 26.

[14] P. Sigmund, in Sputtering by Bombardment I, ed. By R. Behrisch, Topics in Applied Physics, Vol. 47, Springer, Berlin, Heidelberg, New York (1981).

[15] J. Lindhard, M. Scharff, H. E. Schiott, V. Nielsen, P. V. Thomsen, and K. Dan. Vidensk. Selsk Materials Phys. Medd. **33** (1963) 14.

[16] J. P. Biersack, Zeit. Eur. Phys. **211**(1968) 495

[17] N. Bohr, Phil. Mag. **30** (1915) 581.

[18] G. Carter and J.S. Colligon, "Ion bombardment of solids", Heinemann Educational Books Ltd., London, 310, (1968)

[19] Y. Yamamura, and H. Tawara, At. Data. Nucl. Data Tab., **62** (1996) 149.

[20] M. Sporn, G. Libiseller, T. Neidhart, M. Schmid, F. Aumayr, HP. Winter, P. Varga, M. Grether, D. Niemann, and N. Stolterfoht, Phys. Rev. Lett. **79** (1997) 945

[21] El. H. Oubensaid, thèse de l'université Paris XI, 2006.

[22] H. Oechsner, "Thin Films and Depth Profile Analysis", Topics in Appl. Phys., Vol. 37, Springer Verlag, Berlin (1984), p. 63.

[23] Y. Yamamura and H. Tawara, Energy Dependence of Ion-Induced Sputtering Yields from Monoatomic Solids at Normal Incidence, Report NIFS-Data-23, 1995, p. 1.

[24] W. Eckstein, C. Garcia-Rosales, J. Roth, W. Ottenberger, Sputtering Data, IPP Report 9/82, 1993.

[25] M. Kustner, W. Eckstein, and E. Hechtl, J. Roth, J. of Nucl Mat **265** (1999) 22.

[26] A. E. Morgan, H. A. M. de Grefte, N. Warmoltz, H. W. Werner and H. J. Tolle, Appl. Surf. Sci. **7** (1981) 372.

[27] A. Kaddouri, I.Ashraf, M. Ait El Fqih, H. Targaoui, A. El Boujlaidi, and K. Berrada, App. Sur. Sci. **256** (2009) 116

[28] S. Ishizuka, S. Kato, Y. Okamoto, K. Akimoto, J. of Cryst Grow **237** (2002) 616.

[29] L. Thomé, T. Benkoulal, and J. Jagielski, Appl. Phys. **75** (1994) 181.

[30] P.Sioshansi, et F. A. Smidt, Engineered Materials for Advanced Friction and Wear Applications, International Conference, Gaithersburg, Md., USA, Ed. (ASM International, 1988).

[31] J. Jensen, R. Sanz, D. Martin, A. Surpi, T. Kubart, M. Vazquez, M. Hernandez-Velez, Nucl. Inst. and Meth. in Phys. Res. B **267** (2009) 2725.

[32] C. Marques, E. Alves, R. C. da SILVA, and A. L. Stepanov, Nucl. Inst. and Meth. in Phys. Res. B **218** (2004) 139.

[33] W. Bolse, T. Weber, and W. Lohmann, Nucl. Inst. and Meth. B **50** (1990) 416.

[34] K. Elst, and W. Vandervorst, J. Vac. Sci. Technol. A, **12** (1994) 3205.

[35] B. Fares, Thèse de doctorat, INSA Lyon (2004).

[36] P.C. Zalm, Ultra shallow doping profiling with SIMS, Rep of Progress in Physics, **58** (1995) 1321.

[37] P. F. A. Alkemade and Z. X. Jiang, J. Vac. Sci. Technol. B, **19** (2001) 1699.

[38] D. P. Adams et T. M. Mayer, M. J. Vasile, and K. Archuleta, App. Sur. Sci. **252** (2006) 2432.

[38] G. Carter, J. Nobes and J.L. Whitton, J. Matter, Sci. Lett. **13** (1978) 2725.

[39] B. Fares, B. Gautier, N. Badoux, G. Prudon, P. Holliger, and J. C. Dupuy, Appl. Sur. Sci, **231** (2004) 678.

[40] J. F. Ziegler, and J. P. Biersack, Stopping and Range of Ions in Matter (www.srim.org), SRIM 2003.

[41] G. Betz and G. and K. Wehner, Topics in Applied Physics, **52** (1983) 11.

[42] P. Sigmund and A. Oliva, Nucl. Inst. and Meth. in Phys. Res. **82** (1993) 269.

[43] H. Gnaser, Appl. Surf. Sci. **100** (1996) 316.

[44] G. Betz et G. K. Wehner, « Sputtering by particle bombardment », Topics. Appl. Phys. Vol. 52 Ed.R. Behrisch, Springer, Berlin, Heindelberg, New York (1983).

Chapitre II

Techniques d'analyse de surfaces utilisant le bombardement ionique et l'émission de radiations optiques : description sommaire

I. Notion de surface

La notion de surface, très utilisée par les physiciens et les chimistes, est considérée comme la partie extérieure d'un solide. Etant donné qu'un solide est toujours placé dans un environnement précis, la surface peut dans ce cas être considérée comme une interface séparant deux milieux différents ; exemple : interface solide-gaz, solide-liquide...

Du point de vue arrangement périodique des atomes, la surface correspond à une discontinuité des édifices cristallins. Cette rupture fait que les atomes de la surface ont tendance à échanger des liaisons relativement fortes avec les atomes sous-jacents et à contracter de nouvelles liaisons avec l'environnement voisin. La notion d'état de surface n'est pas la même pour le physicien du solide, le physico-chimiste, le mécanicien et le métallurgiste. Le physicien s'intéresse à la perturbation crée au niveau de la surface sur les états électroniques, la détermination des états localisés et résonnants, la densité de charge, l'énergie de surface et le travail de sortie des électrons. Quand au physico-chimiste, son but est de connaître les énergies de liaisons, le transfert de charges et la structure. Par contre, le métallurgiste s'intéresse aux aspects structuraux et analytiques, la réactivité de la surface du solide et son évolution dans le temps. Pour le mécanicien, déterminer les caractéristiques d'une surface est primordial afin d'analyser leurs influences sur le comportement mécanique des matériaux. Les différentes méthodes de caractérisation de surface ont pour objet de déterminer ses propriétés mécaniques et physicochimiques. Les surfaces solides ne sont jamais propres, elles ont tendance à adsorber des impuretés présentes dans l'atmosphère, ainsi une couche de contamination se forme rapidement sur la surface. Souvent cette couche mince est un film d'oxyde contenant des éléments étrangers provenant de l'atmosphère. Le film formé peut être invisible à l'œil nu et n'altère pas ainsi la brillance du métal. Comme la surface est très réactive, les spécialistes se sont imposé de concevoir des techniques appropriées pour éviter ce désagrément comme par exemple travailler sous ultravide, assurer un nettoyage superficiel *in situe...*

II. Caractérisation et techniques d'analyses

La caractérisation d'un matériau consiste à déterminer différentes données qui lui sont propres. Pour caractériser les surfaces complexes, plusieurs techniques d'analyse ont été développées. Les méthodes d'analyse d'une cible solide ont pour principe le bombardement d'une surface par des particules incidentes telles que des électrons, des positrons, des photons, des ions... L'interaction de ces particules excitatrices avec la surface donne lieu à un déclenchement de plusieurs phénomènes (figure II.1) tels que l'éjection d'un certain nombre de particules [1], l'implantation de particules dans le solide et donc modification de ses propriétés [2] et des réactions nucléaires induites entre faisceaux incidents et particules cibles [3]. La nature des particules éjectées dépend de la nature et de l'énergie des particules incidentes ainsi que de la nature des éléments chimiques présents dans la cible. Nous constatons donc que les modes d'excitation sont diversifiés, ceci est dû soit à la facilité de mise en œuvre, soit à la recherche d'une performance ou d'une information qui n'a pas été atteinte par d'autres techniques. Ainsi, plusieurs paramètres influent sur le choix de la technique à savoir le problème posé par l'analyste, les informations souhaitées obtenir, la nature des éléments chimiques présents en surface et leurs énergies de liaisons superficielles, etc. Selon l'analyse souhaitée, le choix de la méthode à utiliser répond à certains critères concernant les spécificités de la surface ou de la profondeur à atteindre.

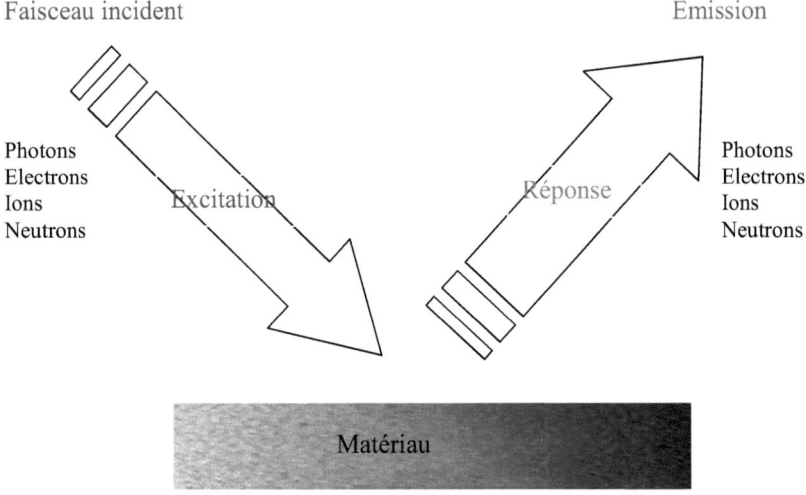

Figure II.1. Description sommaire du principe des techniques d'analyse

L'appareillage est en général composé d'une source de radiation, de dispositifs pour focaliser une sonde intense sur la surface de l'échantillon, des détecteurs pour capter le signal émis et une partie électronique pour traiter et visualiser le signal. Ces techniques peuvent être classées selon plusieurs critères, soit selon la propriété mesurée, ou alors selon leur nature destructive pour certaines et non destructives pour d'autres (celles qui modifient la surface et celles qui la laissent inchangée) ou alors selon la nature de la sonde d'excitation (Tableau II.1).

Excitation	Photon	Electron	Ion
Photon	SERS, XRD XRF, IR-FTIR	XPS, UPS XANES	PSD
Electron	EDS, WDS EPMA, BIS	AES, MEB, MET, LEED, EELS, RHEED	ESD
Ion	SDL, SIPS, LAMMA	Analyse par détection d'électron Auger (éléments légers)	SIMS, RBS, ISS, ERDA

Tableau II.1. Classement des différentes techniques d'analyse par la nature des rayonnements primaires et secondaires.

Nous rappelons, ci-après, quelques nomenclatures des principales techniques d'analyses utilisées.

BIS : Bremstrahlung Isokromat Spektroskopie (photoémission inverse)

EPMA: Electron Probe Micro-Analyzer

XRF: X-ray Fluorescence

FTIR: Fourier Transform Infrared (spectroscopy)

IR: Infrared

XRD: X-Ray Diffraction

SERS: Surface Enhanced Raman Spectroscopy

XANES: X-ray Absorption Near Edge Structure

RHEED: Reflexion High Energy Electron Diffraction

EELS: Electron Energy Loss Spectroscopy

LEED: low Energy Electron Diffraction
SIPS: Sputter Induced Photon Spectroscopy
EDS: Energy Dispersive X-ray Spectroscopy
WDS: Wavelength Dispersive X-ray Spectroscopy
MEB : Microscopie Electronique à Balayage
AES: Auger Electron Spectroscopy
SIMS: Secondary Ion Mass Spectroscopy
SDL : Spectroscopie à Décharge Luminescente
XPS : X-Ray Photoelectrons Spectroscopy
MEB : Microscopie Electronique à Balayage
MET : la Microscopie Electronique à Transmission
RBS: Rutherford Backscattering Spectrometry
ERDA: Elastic Recoil Detection Analysis
PSD: Photon Stimulated Desorption
ESD: Electron stimulated desorption
LAMMA : Laser Microprobe Mass Analysis
EDX : Electron Dispersion X-ray.

Dans le paragraphe suivant, nous décrivons brièvement les techniques utilisant des ions comme sonde d'excitation.

III. Méthodes d'analyse par bombardement ionique

Dans ce paragraphe nous donnons une description sommaire de quelques méthodes expérimentales utilisant comme sonde d'excitation des ions.

III.1. Spectrométrie de masse des ions secondaires

L'analyse ionique par émission d'ions secondaires SIMS (Secondary Ion Mass Spectrometry) est basée sur la détection d'ions, elle est apparue vers les années 70 [4]. La cible est donc bombardée par un faisceau d'ions de quelques kiloélectronvolts et donne lieu à l'émission d'un certain nombre de particules notamment des photons, des électrons, des atomes et des ions. Ce sont ces ions qui sont analysés et qui sont triés suivant leur masse pour permettre une analyse chimique qualitative et quantitative des éléments présents dans la couche superficielle, généralement d'épaisseur inférieure à 5 nm. Cette technique est utilisée aussi pour l'analyse de traces et de contaminations superficielles.

Des études ont été menées aussi pour remonter à la concentration d'impuretés dans un échantillon et la possibilité de l'étude d'autodiffusion en utilisant les différents isotopes. Une évolution remarquable est apportée récemment, notamment, l'amélioration du vide, du système optique ainsi qu'une meilleure sensibilité de détection des ions. De plus, des remèdes expérimentaux sont apportés pour diminuer la rugosité induite par le faisceau d'ions primaires, en effet la pulvérisation sous une pression partielle d'oxygène ou sous bombardement ionique par des Cs^+ permet de réduire les rides formées sur les monocristaux et donc éviter la perte de résolution en profondeur. L'analyse de multicouches métalliques montre qu'en présence d'oxygène ou avec des ions incidents Cs^+, la résolution en profondeur est considérablement améliorée [5]. La technique SIMS présente de bonnes résolutions latérale et en profondeur. Toutefois, elle présente un inconvénient dû au cumul de charges électriques sur les surfaces isolantes perturbant ainsi la collecte des ions secondaires. La méthode fait recours au bombardement par un faisceau de particules neutres [6] ou à un bombardement électronique annexe pour rendre les couches superficielles conductrices [7].

III.2. La technique de rétrodiffusion de Rutherford

Le bombardement ionique peut provoquer la diffusion des ions primaires vers l'arrière, un intérêt recherché par la technique de rétrodiffusion de Rutherford [8] baptisée RBS (Rutherford Back-Scattering). Des ions légers de quelques MeV pénètrent dans un solide et subissent des diffusions élastiques et reviennent vers la surface avec des énergies qui dépendent de la cible ainsi que du projectile et de l'angle de diffusion. On peut ainsi remonter aux masses atomiques et aux concentrations élémentaires en fonction de la profondeur de l'échantillon sondé. La RBS est moins sensible pour les atomes légers, elle est même impossible pour l'hydrogène et l'hélium. Des études ont montré que l'utilisation d'ions plus lourds augmente dans certains cas cette sensibilité notamment sur des films minces Ni-Cr, Cu, Si [9], on note toutefois, dans ces cas, une baisse de la profondeur sondée. Cette technique permet le tracé des profils de concentration en profondeur avec une résolution de quelques dizaines de nanomètres par contre elle ne nous renseigne pas sur les liaisons chimiques. C'est une technique qui nécessite des installations couteuses et présente de faibles résolutions latérales. Afin de remédier à certaines difficultés notamment l'insensibilité de la méthode aux atomes légers, la technique ERDA (Elastic Recoil Detection Analysis) [10], objet du paragraphe suivant, vient compléter la RBS.

III.3. La technique ERDA

Un faisceau d'ions lourds frappe la surface de l'échantillon sous un angle rasant. Un flux de particules composé d'ions projectiles diffusés, d'atomes lourds reculant de la matrice et d'atomes légers est éjecté et puis capté par un détecteur placé à 30° par rapport au faisceau incident. Pour détecter les atomes légers, une feuille mince de quelques µm de mylar ou d'aluminium est placée pour freiner les atomes lourds et laisse passer les atomes légers après les avoir ralentis. Des améliorations ont été apportées pour remplacer cette feuille par un spectromètre à temps de vol [11]. Les énergies des particules détectées en RBS et ERDA sont inférieures à l'énergie des particules incidentes. L'utilisation d'une cible constituée d'une mince couche d'un élément lourd tel que l'or déposé sur un substrat léger comme l'aluminium permet de rétrodiffuser des particules avec des énergies de référence.

III.4. La technique ISS

La méthode ISS (Ion Scattering Spectrometry) [12] est basée sur le même principe de mesure que la technique RBS avec toutefois une source composée d'un canon à ions fonctionnant dans une atmosphère d'argon, néon ou d'hélium sous une basse pression ($7,5.10^{-4}$ à $1,3.10^{-1}$ Pa). L'énergie cinétique des ions incidents étant comprise entre 300 eV et 3000 eV, l'épaisseur de la couche étudiée peut être limitée à une monocouche. L'opération réalisée sous ultravide permet l'identification des atomes présents dans la couche superficielle et leur détermination quantitative, toutefois la détection est relativement limitée par l'angle solide de détection très réduit. La résolution en masse des spectres ISS décroit lorsque la masse des atomes de la cible augmente, cette résolution peut être améliorée en utilisant des ions plus lourds tels que Ar^+, Kr^+ et Xe^+.

L'analyse par faisceau d'ions peut donner naissance aussi à l'émission de lumière, ainsi naissent les techniques SDL (spectroscopie à décharge luminescente) [13] et ASSO (analyse de Surface par Spectroscopie Optique) [14] qui feront l'objet des deux paragraphes suivants.

III.5. Spectroscopie à décharge luminescente

La spectroscopie à décharge luminescente SDL appelée aussi GDOS (Glow Discharge Optical Spectroscopy) est une méthode d'analyse élémentaire basée sur la spectroscopie d'émission optique, développée vers les années 70. Elle utilise comme source d'excitation une lampe fonctionnant comme un tube cathodique ; le principe consiste à mettre en évidence l'érosion de la cathode qui représente l'échantillon par des ions argon en général et l'émission de photons dans le but d'identifier la nature des composants de la cible. Cette technique est très adaptée à l'étude des revêtements [15], par contre elle est moins recommandée pour l'étude des phénomènes localisés à cause de l'absence de résolution latérale. Souvent elle est couplée à d'autres techniques de caractérisation notamment la XPS (X-ray photoelectrons spectroscopy) pour nous renseigner sur les liaisons chimiques. La SDL ainsi que la SIMS détectent tous les éléments chimiques même l'élément H, elles offrent la possibilité de l'étude des couches profondes avec une résolution variable qui dépend de plusieurs paramètres tels que la rugosité de la surface, l'anisotropie cristalline et les structures multiphasées.

III.6. Spectroscopie Optique des produits de pulvérisation

La technique ASSO (analyse de Surface par Spectroscopie Optique) complémentaire de la technique SIMS et de la SDL est aussi connue sous les sigles : SIPS (sputter induced photon spectroscopy), IBSCA (ion Beam Spectrochimical Analysis), IPP (Ion Produced Photons), SAPS (Sputtered Atom Photon Spectroscopy), BLE (Bombardement-Induced Light Emission), et SCANIIR (Surface Composition by Analysis of Neutral and Ion Impact Radiation). Cette technique que nous appelons SIPS dans ce présent travail [16] (pour des raisons évidente) consiste à étudier de la lumière visible, ultraviolette et infrarouge émise par les produits pulvérisés lors du bombardement d'une surface par des particules ioniques. La sonde d'excitation utilise un canon à ions semblable à celui de la technique SIMS [16] et le bombardement de la surface est effectuée par des ions lourds généralement des gaz rares, d'énergie de quelques keV. La composition chimique d'un échantillon est déterminée par l'examen des radiations électromagnétiques résultant de la désactivation des particules excitées formées au cours de la pulvérisation. Cette technique, étant insensible aux effets de charges d'espace, présente un avantage par rapport à la SIMS qui voit ses résultats perturbés par ce phénomène, elle est par conséquent très adaptée à l'étude des isolants [17]. La méthode ASSO ou SIPS connue aussi par son aspect très peu destructif, permet l'analyse progressive des couches atomiques avec une vitesse de décapage de l'ordre de 5 Å/s. De plus, le micro plasma assez froid crée au voisinage de la cible réduit le nombre de raies à analyser contrairement à la SDL où le nombre de raies est très élevé. Beaucoup de travaux se référant à cette technique ont été recensés, notamment l'étude de l'émission optique dans le visible lors du bombardement de cibles lourdes par les projectiles H et He [18]. D'autres investigations ont été menées sous une basse pression (10^{-4} - 10^{-5} Pa) dans la région ultraviolette avec un faisceau de gaz noble d'énergie allant de 50 à 600 keV [19] pour donner lieu à l'émission de raies atomiques. Par ailleurs, le spectre de vanadium récemment analysé [20] révèle la présence d'un continuum dans un domaine spectral allant de 235 à 375 nm, ce continuum devient plus intense en présence d'un milieu oxygène. D'autres études ont concerné les alliages binaires [21], l'effet de l'oxygène sur le comportement des raies [22] et l'étude de la diffusion du cobalt et du silicium [23]. L'observation des raies d'émission optique, lors d'un bombardement ionique, a soulevé plus qu'un thème de recherche et a ouvert un champ d'investigation très vaste, notamment pour expliquer le mécanisme d'excitation et le processus de désexcitation radiative mis en jeu lors de la pulvérisation des surfaces.

IV. Origine de l'émission optique et les modèles théoriques

Plusieurs mécanismes responsables de l'émission de photons ont été proposés. D'après Stark et Wendt [24] les raies d'émission proviennent de la désexcitation de particules sortant, dans un état excité, d'une fine couche se trouvant au-dessus de la surface. Dans le cas d'une couche alcaline déposée sur un métal, la lumière provient d'un mécanisme basé sur la pulvérisation initiale des ions alcalins puis leurs neutralisations dans des états excités suite au transfert d'électrons avec la surface [25]. Plusieurs auteurs considèrent qu'une proportion de particules pulvérisées quitte la surface dans un état excité [28-29], grâce au transfert d'énergie de l'ion projectile à l'atome cible durant la collision, d'autres tiennent compte des collisions se produisant à l'extérieur du solide entre les atomes pulvérisés et les ions projectiles et qui peuvent par conséquent donner des atomes excités [28]. Dans ce dernier modèle collisionnel, le processus de pulvérisation est décrit par Sigmund [29] et Thompson [30] en termes de collisions linéaires en cascade. La présence de particules ayant perdu un électron de cœur est confirmée par l'observation d'électrons Auger parmi les espèces éjectées [31]. Ceci est dû à l'interpénétration des nuages électroniques des deux atomes impliqués dans la collision (l'atome M du métal concerné par la collision et l'atome Q qui peut être un atome projectile ou du métal). L'électron peut ainsi passer d'une orbitale moléculaire à une autre au point de croisement et résulter en produit de dissociation variés (M^*+Q, M^++Q^-, M+Q). La formation d'un état moléculaire antiliant permet l'expulsion d'un électron lié dans la bande de conduction et la formation d'un trou dans une couche profonde d'un atome [32]. L'atome excité peut subir ensuite une désexcitation Auger et donner un atome neutre (voir paragraphe suivant) ou alors conduire à l'expulsion de l'électron et à la formation d'un ion positif [32]. Dans le modèle de l'équilibre thermodynamique local [33], les particules excitées sont formées à partir d'un point chaud qui représente un plasma en équilibre thermodynamique, leur nombre est proportionnel à : exp (E_{ex}/kT) où E_{ex} est l'énergie du niveau excité, T la température absolue et k la constante de Boltzmann.

De plus, pour les particules libres, un mécanisme additionnel basé sur l'influence de la transition en cascade des états supérieurs excités (k) à l'état excité (i) est pris en compte. Tous les états excités qui se désexcitent vers l'état (i) contribuent à l'augmentation du nombre de particules se trouvant dans cet état (i) et par suite intensifient la raie spectrale correspondant à la transition $i \rightarrow j$ dont l'intensité est donnée par [34] :

$$I = A_{ij} N_i h \frac{c}{\lambda_{ij}} \qquad \text{II.1}$$

Avec : A_{ij} probabilité d'émettre un photon de longueur d'onde λ_{ij} (transition)

N_i le nombre de particules se trouvant dans l'état excité (i)

h et c indiquent la constante de Planck et la vitesse de la lumière, respectivement.

D'autres modèles ont été aussi développés pour expliquer l'augmentation de l'émission de photons en présence d'oxygène, notamment celui qui suppose la formation d'une bande interdite sur la surface oxygénée qui permet d'augmenter le nombre de particules excitées éjectées [17,35]. Dans un autre modèle dit de rupture de liaison (band-breaking), des molécules métal-oxygène échappent de la surface oxygénée et se dissocient loin de la surface pour donner un atome excité [36].

V. Description du modèle d'échange d'électrons

Le bombardement d'une surface solide par un faisceau d'ions énergétique provoque l'éjection de particules neutres ou ioniques à l'état fondamental ou dans un état excité suite à un mécanisme collisionnel entrainant un transfert d'énergie. La lumière émise provient de la désexcitation d'espèces excitées qui sont le résultat d'une collision binaire inélastique entre l'ion incident et les atomes des couches superficielles [37]. Ces espèces sont éjectées avec une énergie suffisante, de l'ordre du keV, pour échapper au processus non radiatif, elles se désexcitent par émission de photons à une distance $L=\langle v \rangle \tau$ avec $\langle v \rangle$ la vitesse moyenne de la particule excitée et τ la durée de vie de l'état excité. Ce modèle tient compte du processus non radiatif qui se produit au voisinage de la surface bombardée, c'est-à-dire l'échange d'électrons entre les particules lentes neutres ou ioniques éjectées dans un état excité et les atomes de la surface de l'échantillon cible [38]. D'ailleurs le taux de transition non radiatif $R(s)$ croît très fortement à courte distance c'est-à-dire à proximité immédiate de la surface :

$$R(s) = A.exp(-as) \qquad \text{II.2}$$

où A et a sont des constantes caractéristiques de la transition, leurs ordres de grandeur sont estimés à : $A=10^{14}$ s^{-1} à 10^{16} s^{-1} et $a=2$ Å^{-1} [39].

La contribution à l'émission de photons des particules excitées lentes, c'est-à-dire se trouvant à proximité de la surface est toujours envisageable, mais la désactivation radiative est en forte compétition avec le processus non radiatif. En effet la probabilité $P(s,v_\perp)$ pour qu'une particule échappe au processus non radiatif est donnée par l'expression [40] :

$$P(s,v_\perp) \; \alpha \; \exp\left(-\int_0^s \frac{R(s)}{v_\perp}ds\right) \qquad \text{II.3}$$

Après intégration, l'expression de la probabilité devient :

$$P(s,v_\perp) \; \alpha \; \exp\left[\frac{A(e^{-as}-1)}{av_\perp}\right] \qquad \text{II.4}$$

où $v_\perp$ est la composante normale à la surface du vecteur vitesse de la particule éjectée et $R(s)$ est le nombre de transition par unité de temps. Pour des grandes distances s l'expression de la probabilité devient :

$$P(\infty,v_\perp) \; \alpha \; \exp\left[-\frac{A}{av_\perp}\right] \qquad \text{II.5}$$

Cela veut dire que les particules excitées ayant une grande vitesse ont une probabilité très faible de subir une désexcitation non radiative et contribuent plutôt à l'émission de lumière. Toutefois, d'après le processus de neutralisation par résonnance où un électron peut passer du métal à l'atome ionisé par effet tunnel pour donner un atome excité, l'émission de photons peut provenir des particules lentes qui se trouvent dans des états ioniques. Ainsi les ions et les atomes excités lents sont impliqués dans un processus d'échange d'électrons avec la surface, ce processus est développé par Varnerin [41] et Hagstrum [40]. D'après ce modèle, l'atome excité se trouvant à une distance très proche de la surface peut se désexciter par voie non radiative de type Auger (désexcitation ou neutralisation) ou de résonnance (désexcitation ou ionisation). Les figures II.2 et II.3 représentent les courbes de potentiel du métal et de l'atome excité se trouvant à la distance s de la surface.

V.1. Cas d'un ion

Le transfert d'électron peut être effectué par le processus de neutralisation Auger où un électron du métal vient neutraliser l'ion (Figure II.2.a), l'atome ainsi formé libère l'énergie selon la condition :

$$0 < E_i - E_A^* < \phi \qquad \text{II.6}$$

où ϕ est le travail de sortie du métal ;

E_i l'énergie d'ionisation de l'atome libre ;

E_A^* l'énergie de l'électron excité.

L'énergie perdue par l'électron e_1 est égale à l'énergie gagnée par l'électron e_2 :

$$E_i - \varepsilon_1 = E + \varepsilon_2 \qquad \text{II.7}$$

Soit E l'énergie de l'électron libéré :

$$E = E_i - \varepsilon_1 - \varepsilon_2 \qquad \text{II.8}$$

$$E_{max} = E_i - 2\phi \qquad \text{II.9}$$

$$E_{min} = E_i - 2\varepsilon_0 \qquad \text{II.10}$$

L'ion A^+ peut se neutraliser suivant deux mécanismes quand il quitte une surface métallique. Si les conditions énergétiques sont telles que $\phi < E_i - E_A^* < \varepsilon_0$, l'ion A^+ subit une neutralisation résonante, un électron passe par effet tunnel de la bande de conduction du métal vers un état libre de l'atome (Figure II. 2. b). Le processus est décrit comme suit :

$$A^+ + e_M \rightarrow A^* \rightarrow A + h\nu$$

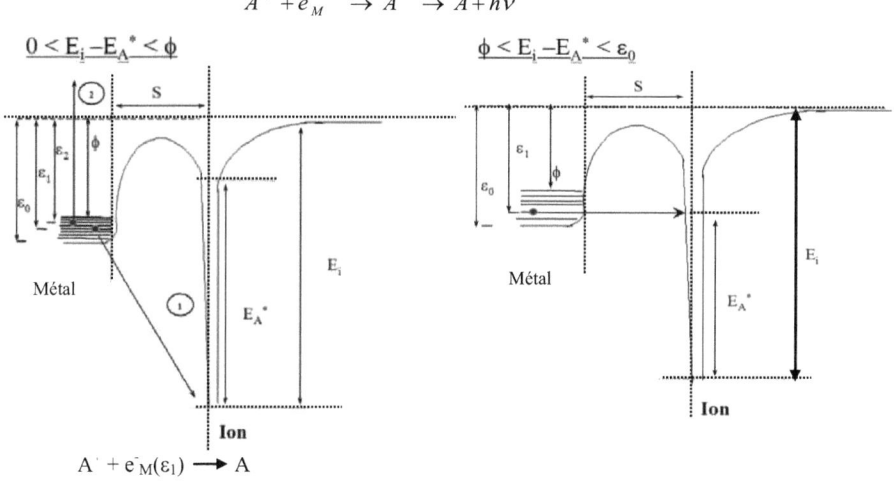

(a) Neutralisation Auger
$A^+ + e_M^-(\varepsilon_1) \rightarrow A$

(b) Neutralisation résonante
$A^+ + e_M \rightarrow A^* \rightarrow A + h\nu$

Figure II. 2. Processus de neutralisation Auger et neutralisation résonante.

V.2. Cas d'un atome

Dans le cas d'un atome excité, le premier mécanisme de transfert d'électron est l'ionisation résonnante (Figure II.3.a). L'électron excité se trouve dans un état d'énergie supérieur au niveau de fermi ($0 < E_i - E_A^* < \phi$), l'électron excité passe par effet tunnel vers l'un des états inoccupés de la bande de conduction du métal.

Le processus peut s'exprimer par :

$$A^* \rightarrow A^+ + e_A^-$$

L'ion produit peut se neutraliser si les conditions énergétiques sont respectées comme cité ci-dessus.

Le deuxième mécanisme concerne la désexcitation Auger dont le mécanisme est illustré par la figure II.3.b. Un électron du métal vient combler la lacune née dans l'atome excité par suite l'électron excité est éjecté suite à l'énergie acquise par l'atome (électron Auger). La condition énergétique est donnée par $\phi < E_i - E_A^* < \varepsilon_0$

Le processus peut être schématisé :

$$A^* + e^-_M \rightarrow (A + e^-_A) \rightarrow A + e^-_{Auger}$$

L'énergie perdue par l'électron 1:

$$E_i - \varepsilon \qquad \text{II.11}$$

L'énergie gagnée par l'électron 2:

$$E_c + E_i - E_A^* \qquad \text{II.12}$$

$$E_c = E_A^* - \varepsilon \qquad \text{II.13}$$

$$E_{c\max} = E_A^* - \phi \qquad \text{II.14}$$

$$E_{c\min} = E_A^* - \varepsilon_0 \qquad \text{II.15}$$

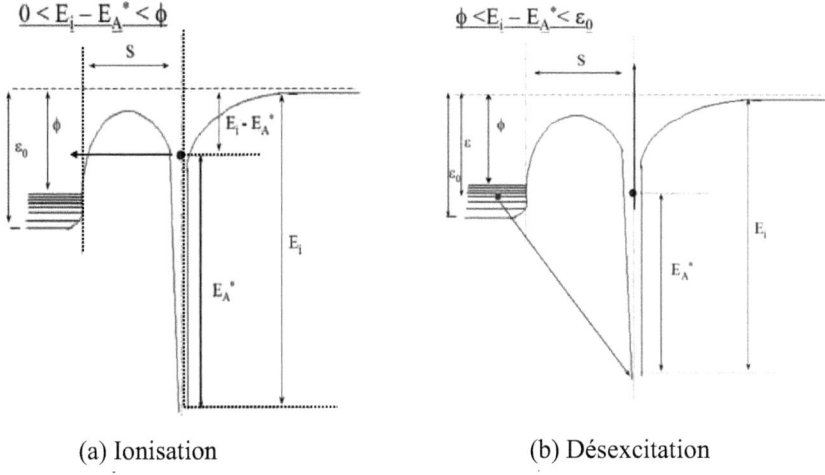

(a) Ionisation   (b) Désexcitation

Figure II. 3. Processus de désexcitation Auger et ionisation résonante d'un atome excité.

Après avoir décrit brièvement les principales techniques d'analyses de surface et insisté sur la technique ASSO et sa dérivée SIPS, utilisées dans ce travail et après avoir expliqué le modèle théorique (modèle d'échange d'électrons) y associé, nous entamons dans le chapitre qui suit la description de l'appareillage que nous avons utilisé pour réaliser nos expériences.

Références

[1] A. Heile, D. Lipinsky, N. Wehbe, A. Delcorte, P. Bertand, A. Felten L. Houssiau, J. J. Pireaux, R. De Mondt, L. Van Vaeck and H. F. Arlinghaus, Appl. Sur. Sci. **255** (2008) 941.

[2] K. A. Ivanov, D. S. Uryupina, N. Morshedian, R. V. Volkov and A. B. Savel'ev, Plasma Phys. Reports, **36** (2010) 99.

[3] A. Markwitzn, H. Baumann, E. F. Krimmel, K. Bethge and P. Misaelides, Fresenius' J. of Anal. Chem, **346** (1993) 177.

[4] A. Benninghoven, F. G. Rudenauer et H. W. Werner, secondary ion Mass Spectrometry : Basic Concepts, Instrumental Aspects, Applications and trends, Wiley, New York 1987.

[5] M. Aucouturier, Ch. Grattepain, A. Tromson-Carli, F. Chevrier and D. Imhoff "Secondary Ion Mass Spectroscopy, SIMS IX", ed. Par A. Beninghoven, Y. Nihei, R. Shimizu, H. W. Werner, John Wiley and Sons, Chichester (1994).

[6] J. Guepin these de doctorat 3eme cycle, université Paris XI, Orsay 1963.

[7] K. Wittmaack, J. Appl. Phys. **50** (1979) 493.

[8] W. K. Chu, J. W. Mayer, M. A. Nicolet, « Backscattering Spectrometry » Academic Press, Boston, 1978.

[9] H. Niwa, S. Nakao, and K. Saitoh, Nucl. Inst. and Meth. in Phys. Res. B **136** (1998) 297.

[10] N. Added, J. F. D. Chubaci, M. Matsuoka, R. A. Castro, M. Radtke, E. Alonso, R. Liguori Neto, M. A. Rizzuto, M. Tabacniks, and R. D. Mansano, Nucl. Inst. and Meth. in Phys. Res. B **175** (2001) 787.

[11] K. Yasuda, C. Batchuluun, R. Ishigami, and S. Hibi, Nucl. Inst. and Meth. in Phys. Res. B **268** (2010) 2023.

[12] B. Imelik et J. C. Vedrine, « les techniques physiques d'étude des catalyseurs » Editions Technip, Paris (1988).

[13] J. Mallherbe, P. Chapon, H. Martinez, S. Mazan, F. Niveau, and O. F. X. Donard, Spectra Analyse, **258** (2007) 20.

[14] M. Suchanska, Progress in Surface Science, **54** (1997) 165 et références citées.

[15] K. Lukaszkowicz, L. A. Dobrzanski, and A. Zarchta, J. Mater. Proces. Tech., **157** (2004) 380.

[16] A. Kaddouri, Thèse d'Etat, Université de Paris-Sud, Centre d'Orsay, N° 3529 (1989).

[17] G.E. Thomas and E.E. de Kluizenaar, Acta Electron. **18** (1975) 63.

[18] E. W. Thomas, Prog. In Surf. Sci., **10** (1980) 383.

[19] M. Braun, B. Emmoth, Nucl. Instr and Meth. **170** (1980) 585.

[20] M. Ait El Fqih, A. El Boudjlaidi, R. Jourdani and A. Kaddouri, Eur Phys J., **63** (2011) 97.

[21] M. Ait El Fqih, P. G. Fournier, Nucl. Inst. and Meth. in phys. Res. B, **267** (2009) 1206.

[22] A. Kaddouri, I. Ashraf, M. Ait El Fqih, H. Tarqaoui, A. El Boujlaidi, and K. Berrada, App. Sur. Sci. **256** (2009) 116.

[23] T. El Asri, M. Raissi, S. Vizzini, A. El Maachi, E. L. Ameziane, F. Arnaud 'Avitaya, J. L. Lazzari, C. Coudreau, H. Oughaddou, B. Aufray and A. Kaddouri, Appl. Surf. Sci., **256** (2010) 2731.

[24] J. Stark and G. Wendt, Ann. Phys., **38** (1912) 669.

[25] H. Mayer, Phil. Mag., **7** (1933) 594.

[26] C. Snoek, W. F. van der Weg and P.K. Rol, Physica, **30** (1964).

[27] J. G. Martel and N.T. Olson, Nucl. Instr. and Meth., **105** (1972) 269.

[28] P. Williams, Appl. Surf. Sci. **13** (1982) 24.

[29] P. Sigmund, Phys. Rev. **184** (1969) 383.

[30] W. F. van der Weg, and D. J. Bierman, Physica **44** (1969) 206.

[31] G. Blaise, and G. Slodzian, J. de Phys, **31** (1970) 93.

[32] P. Joyes, J. de Phys., **30** (1969) 243.

[33] G. J. Good Zamin, M. T. Shehata, D. B. Squires and R. Kelly, Rad. Effects, **35** (1978) 139.

[34] T. S. Kijan, V. V. Gritsyna, Izv. AN. SSSR. Ser. Fis. **43** (1979) 595.

[35] C. W. White, D. L. Simms, N. H. Tolk, and D. V. McCaughan, Surf. Sci. **49** (1975) 657.

[36] V. V. Bobkov, S. P. Gokov, V. V. Gritsyna, V. T. Gritsyna, and D. I. Shevchenko, Nucl. Instr. and Meth. In Res. B **218** (2004) 46.

[37] W. F. van der Weg and D. J. Bierma, Physica, **44** (1969) 206.

[38] E. Veje, Surf. Sci. **110** (1981) 533.

[39] I.Terzic et B.Perovic, surf. Sci. **21** (1970) 86.

[40] H. D. Hagstrum, Phys. Rev. **123** (1961) 758.

[41] L. J. Varnerin, Phys. Rev. **91** (1953) 859.

Chapitre III

Dispositif expérimental

I. Introduction

L'appareillage ASSO (Analyse de Surface par Spectroscopie Optique) sur lequel nous avons travaillé est installé au laboratoire SIAM (Spectroscopie & Imagerie Atomiques des Matériaux) de l'université Cadi Ayyad de Marrakech (Maroc). Ce dispositif déjà développé dans plusieurs travaux [1-5] permet d'analyser les radiations électromagnétiques émises par les produits de pulvérisation des échantillons solides sous l'impact d'ions énergétiques. Le dispositif se compose essentiellement de trois parties :

- Un canon à ion ;
- Un ensemble enceinte et porte-échantillons ;
- Un système d'analyse et de détection de la lumière.

La figure III.1 montre un schéma général de l'appareillage avec son système de pompage.

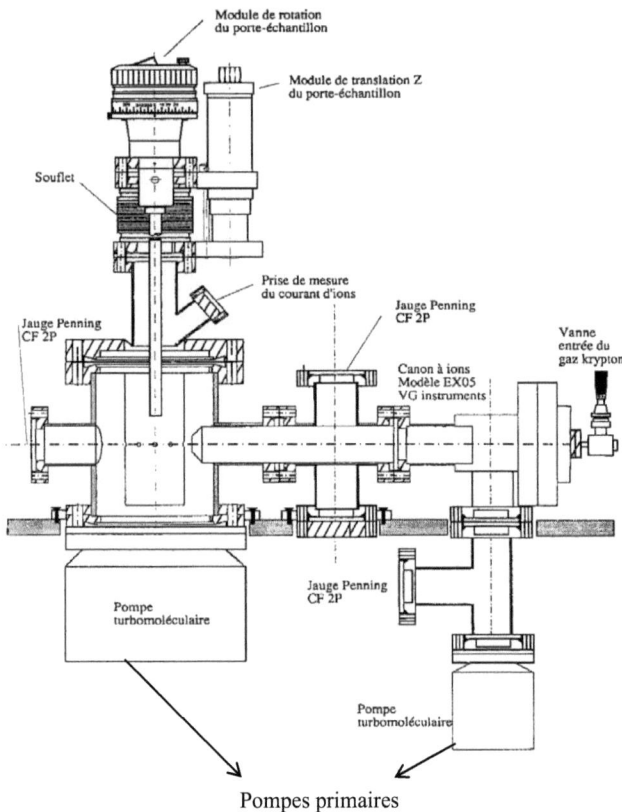

Figure III. 1. schéma général de l'appareillage avec son système de pompage.

II. Canon à ions

La source d'ions, modèle EX05 VG instruments, est formée d'un cylindre en acier inoxydable, de longueur 127 mm et de diamètre intérieur 35 mm, elle est de type monoplasmatron (Figure III. 2.). L'anode est en molybdène et est située à 7 mm de la cathode ; cette dernière est un filament en tantale de diamètre 0,5 mm enroulé en double spirale. Le corps de la source est porté entièrement à la haute tension et son isolement électrique du reste de l'appareil est assuré par une bride en téflon. Le gaz de krypton est introduit via une vanne millimétrique à aiguilles raccordée par un tuyau d'isolation en téflon à la bouteille contenant le gaz. Une différence de potentiel de 60 eV entre l'anode et la cathode est assurée pour accélérer les électrons émis du filament afin d'ioniser le gaz. Seul les ions formés au voisinage de l'anode sont extraits et accélérés avec une énergie de 5 keV grâce à une plaque extractrice située à 1 cm de l'anode et portée à un potentiel qui peut être variable. Les ions accélérés pénètrent dans un système de deux lentilles à trois électrodes, la première permet la condensation et le réglage de la section du faisceau ionique, la deuxième assure sa focalisation. Un diaphragme placé entre les deux lentilles permet de réduire le diamètre du faisceau et de le ramener à 1 mm. Un système de déflection, composé de quatre plaques formant deux condensateurs plans, permet le réglage du faisceau dans les deux directions perpendiculaires à celle du faisceau (Figure III.3).

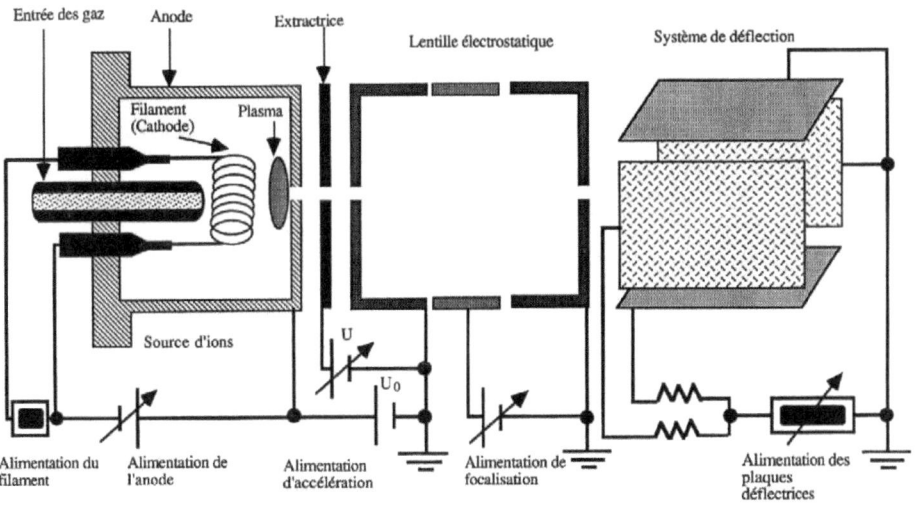

Figure III. 2. Schéma du canon à ions

Le pompage du canon est assuré par deux pompes montées en série, la première est dite primaire (ALCATEL) permet d'atteindre une pression inférieure à 10^{-2} mbar, la deuxième est une pompe turbo moléculaire (LEYBOLD) permettant un débit de 50 l/s. Le vide atteint dans la source est meilleur que 10^{-7} Torr avant l'introduction du gaz à ioniser.

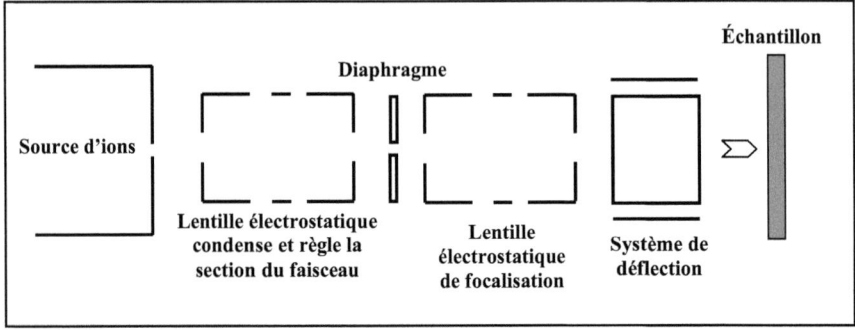

Figure. III. 3. Schéma de l'optique ionique du canon EX05

III. L'ensemble enceinte et porte-échantillons

III.1. L'enceinte

L'enceinte a la forme d'un cylindre en acier de 125 mm de diamètre et de 143 mm de hauteur, comprenant huit ouvertures circulaires latérales, dont quatre ont un diamètre de 26 mm (introduction du gaz, mesure du courant d'ions), deux de diamètre 35 mm, une de diamètre 39,5 mm et la dernière de diamètre 41,5 mm raccordée directement à une pompe turbo-moléculaire (ALCATEL, modèle Turbo V200A, 200l/s) (Figure III. 4). L'introduction de gaz comme l'oxygène dans l'enceinte se fait par l'intermédiaire d'une vanne (micro hoke mite) raccordée à un capillaire dont l'extrémité est à 2 cm de l'échantillon à analyser. Un autre cylindre en acier s'intercale entre le porte-échantillons et l'enceinte pour éviter la contamination de celui-ci par les dépôts des produits de pulvérisation. Il est aussi muni de huit ouvertures latérales que l'on peut placer en regard des sorties de l'enceinte. Une fenêtre en silice suprasil de diamètre 36 mm et d'épaisseur 10 mm distante de l'échantillon de 136 mm est montée sur une bride UHV perpendiculaire à la direction du faisceau d'ions et permet l'observation optique de la lumière émise lors de la pulvérisation. Cette fenêtre a la propriété de transmettre la lumière sans la déformer dans un domaine spectral qui s'étend de 170 nm à 1000 nm.

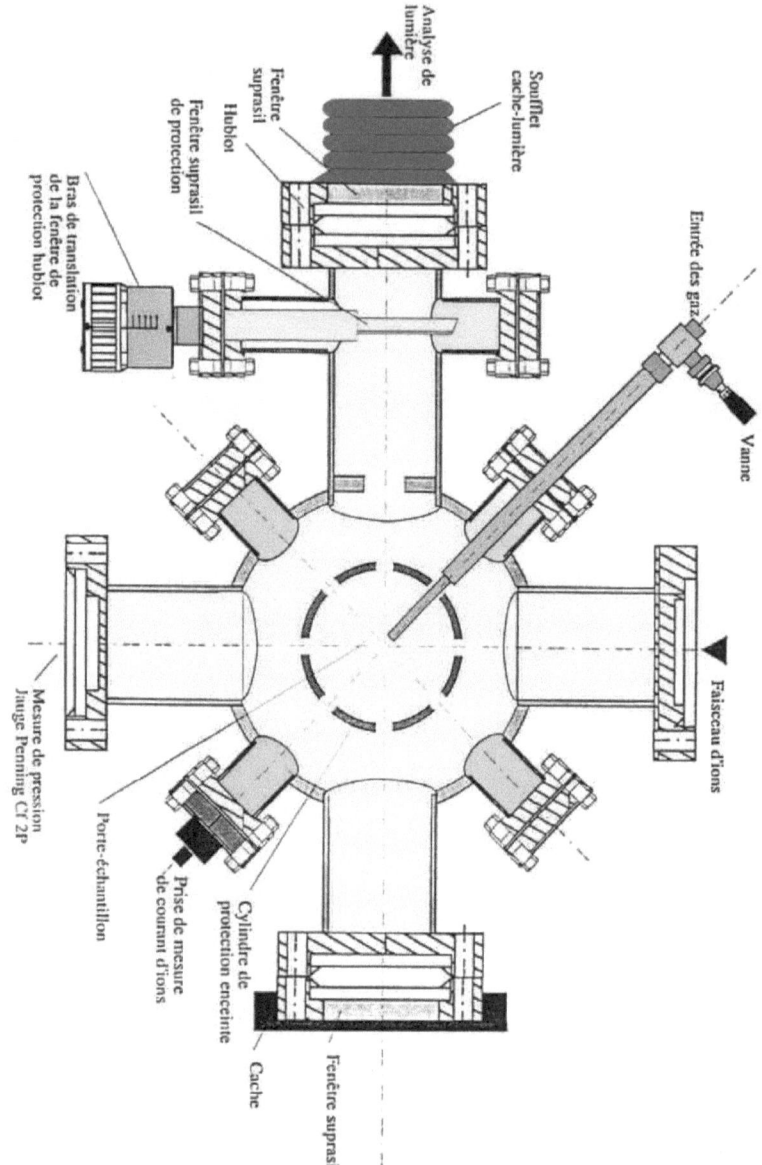

Figure III. 4. Vue schématique de l'enceinte

III.2. Le porte-échantillons

Le porte-échantillons contient quatre logements pour les échantillons de dimension 10 mm x 10 mm ce qui permet d'analyser des métaux sous forme de feuillets. Les échantillons poudres sont logés dans des porte-échantillons en inox sous forme de cavités puis compactés à la main en forme de pastilles de diamètre 5 mm avec une tige conçue pour cet usage (Figure III. 5). Les échantillons sont fixés à l'aide d'une contre-plaque qui s'ajuste sur la face arrière du porte-échantillons. Ce dernier (Figure III. 6) est lié à une tige solidaire au module de rotation par une bague de serrage en téflon, le pompage du volume emprisonné entre la tige et la bague se fait à travers un trou percé sur le porte-échantillons. La rotation du porte-échantillons autour de l'axe vertical se fait grâce à ce module de rotation afin d'étudier la dépendance du signal en fonction de l'angle d'attaque. Un pico-ampèremètre raccordé au porte-échantillons permet de mesurer le courant d'ions sur celui-ci. Le porte-échantillons est doté d'un trou de 1 mm de diamètre permet de contrôler la section et l'alignement du faisceau d'ions. Les lentilles et les plaques déflectrices sont réglées de façon à avoir un courant nul sur le porte-échantillons et un courant maximal qui passe à travers le trou.

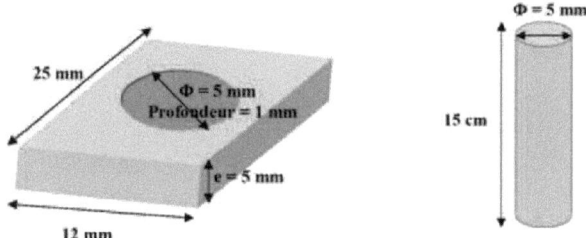

Figure III. 5. Logement pour échantillons poudres et tige conçue pour compactage.

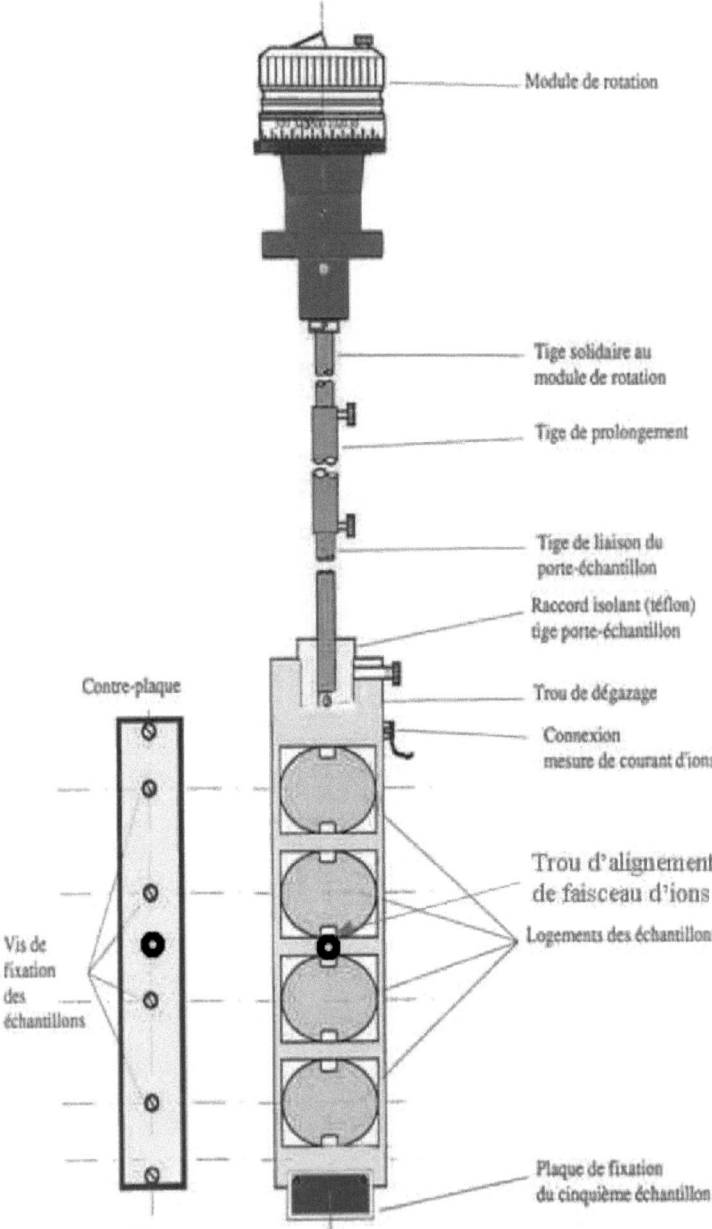

Figure III. 6. Le porte-échantillons

IV. Système d'analyse et de détection de la lumière

La lumière émise par les particules éjectées lors du bombardement de l'échantillon passe à travers une lentille biconvexe en suprasil d'épaisseur 10 mm, de diamètre 40 mm et d'une distance focale f = 140 mm. Cette lentille est placée à une distance $2f$ de l'échantillon et de la fente d'entrée du monochromateur. Ce dernier comprend un réseau holographique, deux miroirs sphériques concaves et deux fentes à commande. Les fentes d'entrée et de sortie réglables en hauteur par pas de 2, 5, 10 et 20 mm et en largeur de 0 à 2 mm par une vis micrométrique permettant un pas de 10 µm. Le faisceau lumineux est protégé contre les rayonnements parasites par deux soufflets noirs disposés de part et d'autre de la lentille. Un photomultiplicateur (PM) relié à une chaîne de comptage et au Spectralink qui contrôle l'alimentation du PM et permet l'acquisition des données. Un ordinateur équipé d'une carte d'acquisition permet de commander le moteur pas à pas d'entraînement du réseau. Le réseau utilisé contient 1800 traits/mm, sa surface tracée est de 67 x 67 mm et son domaine spectral s'étend de 200 à 800 nm. Le monochromateur et le support de la lentille sont fixés sur un bâti et leur alignement avec l'axe de l'enceinte a été fait par un faisceau laser He-Ne.

Le photomultiplicateur (PM) - Hamamatsu 4220P – est un récepteur de lumière, son domaine spectral s'étend de 185 nm à 710 nm (réponse maximale à 410 nm) et son gain est de l'ordre de 10^6 lorsque la différence de potentiel appliquée à ses bornes est entre 800 et 1000 V, une tension pour la quelle le rapport signal/bruit est optimum. A la sortie du PM, le courant impulsionnel est de l'ordre du nano-Ampère et qui, après amplification et conversion par le spectralink, prend une valeur de 5 V. Un micro-ordinateur traite les données reçues grâce au programme PRISM élaboré par Jobin-Yvon. Les données sont ensuite stockées dans des fichiers de type ISA (propre au programme PRISM) convertibles en format ASCII par le même programme. Les différents dispositifs de la chaîne de détection et d'acquisition des données sont donnés sur la figure III.7.

Chapitre III : Dispositif expérimental

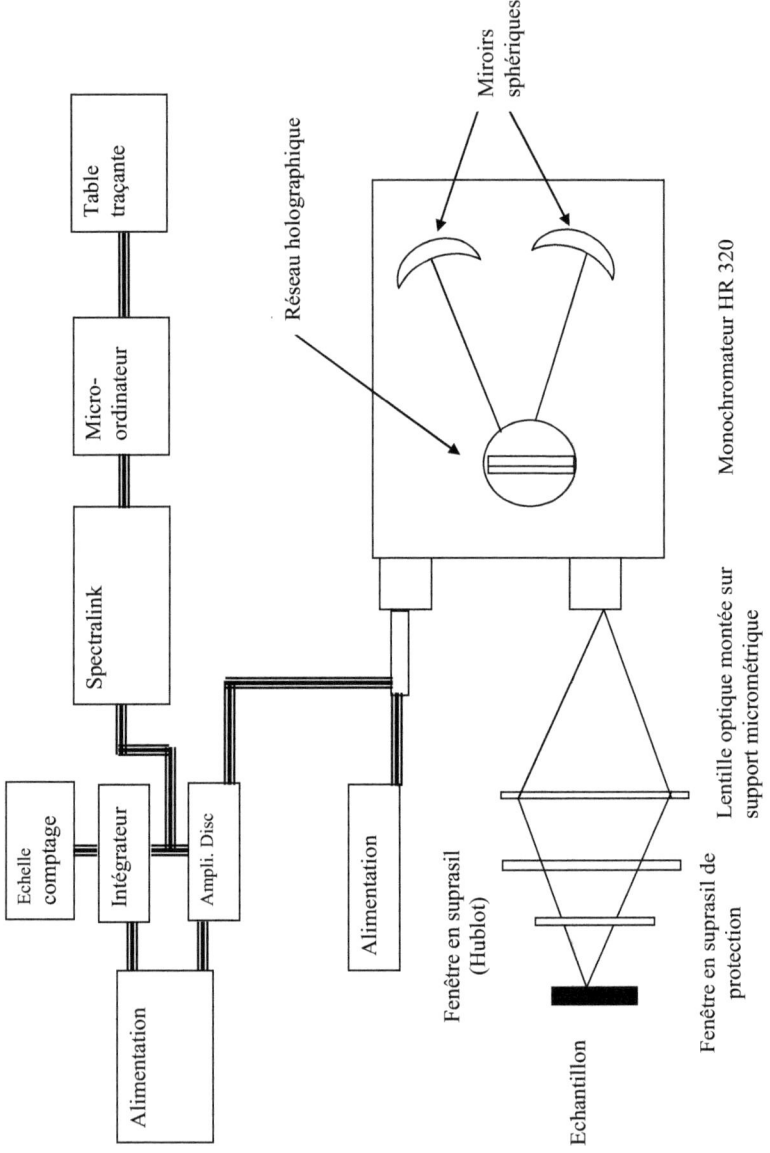

Figure III. 7. Trajet du faisceau lumineux et chaîne de détection

V. Principe de mise en marche de l'appareil

Avant la mise en marche de l'appareil, nous procédons au nettoyage des échantillons et du porte-échantillons, une fois les échantillons placés et introduits dans l'enceinte, nous fermons cette dernière en prenant le soin de changer le joint pour travailler dans de bonnes conditions de vide. Nous procédons ensuite au pompage primaire durant trois à quatre jours pour atteindre une pression de 2.10^{-2} Torr. Nous passons ensuite au pompage secondaire et une fois la pression au niveau de l'enceinte est meilleure que 10^{-7} Torr, nous ouvrons la vanne du gaz krypton. La production des ions Kr^+ dans la source à impact électronique consiste à :

- Introduire le gaz krypton à ioniser dans la source à l'aide d'une vanne (Variants, variable Leak Valve) à une pression de 5.10^{-6} Torr. Cette pression est mesurée dans la source par une jauge Penning (CF2P).
- Allumer la source (Alimentation 400X) et attendre la stabilité du courant filament ($\approx 2,6$ A).
- Porter à incandescence le filament en augmentant progressivement le courant jusqu'à émission des électrons. Quand l'intensité du courant plasma atteint une valeur comprise entre 2 µA et 10 mA, soit 2,5 mA on peut avoir un faisceau d'ions Kr^+ de quelques µA.
- Appliquer une tension variable de 0 à 1 kV et de 1 à 5 kV à l'aide de deux potentiomètres pour accélérer les ions Kr^+ se trouvant au voisinage de l'anode.
- Procéder au Réglage du diamètre, du point de focalisation et de la direction du faisceau. Ces trois réglages sont indépendants et ils sont effectués de façon à optimiser le faisceau pour disposer d'un diamètre inférieur à 1 mm et d'une intensité de l'ordre du µA.

Une fois la source est mise en marche, nous optimisons sur la raie la plus intense (donnée dans la littérature) de l'échantillon bombardé avant de lancer un spectre en choisissant le domaine spectrale à balayer. Le spectromètre permet un large domaine spectral s'étalant de 190 nm à 700 nm.

Références

[1] A. El Boujlaidi, Thèse de Doctorat, Université Cadi Ayyad Marrakech, N° 372 (2013).

[2] M. Ait El Fqih, Thèse de Doctorat en co-tutelle, Université Paris-Sud, centre d'Orsay / Université Cadi Ayyad Marrakech (2007).

[3] O. Varenne, Thèse de Doctorat, Université de Paris-Sud, Centre d'Orsay, (2000).

[4] B. Bellaoui, Thèse de Doctorat, Université de Paris-Sud, Centre d'Orsay, (1996).

[5] A. Kaddouri, Thèse de Doctorat d'Etat, Université de Paris-Sud, Centre d'Orsay, N° 3529 (1989).

Chapitre IV

Emissions optiques des produits de pulvérisation du fer et de ses oxydes Fe_2O_3 et Fe_3O_4

I. Introduction

Nous présentons dans ce chapitre les spectres de luminescence obtenus sur les produits de pulvérisation du fer et de ses deux oxydes, la magnétite Fe_3O_4 et l'hématite Fe_2O_3, soumis au bombardement par des ions Kr^+ de 5 keV. Nous examinerons le comportement des spectres dans un vide poussé et en présence d'une atmosphère d'oxygène. Nous interpréterons nos résultats dans le cadre du modèle d'échange d'électrons et du modèle de rupture de liaison «bond-breaking». Nos investigations nous ont permis de proposer une estimation de la valeur du gap de l'oxyde susceptible d'être formé sur l'échantillon bombardé en présence d'oxygène et des deux oxydes Fe_3O_4 et Fe_2O_3 bombardés sous vide. Avant de présenter ces résultats, nous rappellerons quelques caractéristiques physico-chimiques utiles du fer et de ses oxydes.

II. Généralités sur le fer et ses oxydes

L'âge du fer remonte à 1200 ans avant J.C, la proportion du fer dans l'écorce terrestre est d'environs 6,3% en poids. Le fer est présent dans des composés variés, oxydes carbonates de diverses roches et minerais et aussi dans la fonte et les aciers des usines métallurgiques.

II.1. Quelques propriétés physiques et chimiques du fer

Le fer appartient à la première famille des éléments de transition, de période 4 et du bloc d de la table de Mendeleïev, il est placé en tête de la colonne VIII B de la classification périodique des éléments. Son numéro atomique est Z = 26 et sa configuration électronique est $1s^2 2s^2 2p^6 3s^2 3p^6 4s^2 3d^6$. Sa masse volumique est de 7900 kg.m^{-3}, ses isotopes sont A=54, 57, 58 et le plus abondant est l'isotope 56 (91,75%).

Le fer est un métal qui, en fonction de la température, se présente sous plusieurs formes cristallines. Dans les conditions normales de pression et de température, c'est un solide cristallin de structure cubique centré (fer α ou ferrite) ; à partir de 912° C, il devient cubique à faces centrées (fer γ ou austénite). Au-delà de 1394° C, il redevient cubique centré (fer δ). Puis il fond à 1535° C [1] et sa température d'ébullition est de 3000° C. Il prend une structure hexagonale compacte à des pressions supérieures à 110 kilobars. Le fer est assez bon conducteur d'électricité, sa résistivité est de 9,71 microhms.cm, légèrement supérieure à celle du nickel et inférieure à celle du chrome. Le fer est ferromagnétique : les moments magnétiques des atomes s'alignent sous l'influence d'un champ magnétique extérieur et conservent leur nouvelle orientation après la disparition de ce champ.

II.2. Principaux oxydes de fer

Plusieurs oxydes de fer existent, les propriétés des trois principaux sont brièvement rappelées ci-dessous.

II.2. 1. La wustite FeO

L'oxyde FeO appelé wustite ou protoxyde de fer est de couleur noir, sa structure comporte des lacunes de fer qui augmentent en nombre au fur et à mesure que la teneur en oxygène du composé croit. Le cristal parfait aurait une structure cubique à faces centrées (type NaCl) (a=4,32Å), en fait c'est un $Fe_{0.94}O$ et a= 4,28 Å (figure

IV.1.a). Le protoxyde de fer est instable aux températures inférieures à 570° C [2,3] d'après les réactions suivantes :

$$Fe_{1-x}O \longrightarrow (1-4x)FeO + xFe_3O_4$$

$$4\ FeO \longrightarrow Fe_3O_4 + \alpha\text{-}Fe$$

Ces réactions deviennent plus rapides pour des températures comprises entre 300° C et 570° C [2]. De plus dans une atmosphère riche en oxygène, la wustite s'oxyde rapidement en magnétite et ensuite lentement en hématite [4]. La théorie de la fonctionnelle densité (DFT) [5] et l'étude par l'approximation de la densité locale (LDA) [6] prévoient que la wustite est un métal antiferromagnétique. Des calculs utilisant l'approximation de la fonctionnelle densité et qui tiennent compte de la correction de l'interaction de coulomb (LDA+U) trouvent un caractère semi-conducteur d'un gap de 2,4 eV pour FeO [7]

II.2.2. La magnétite Fe_3O_4

La magnétite (oxyde noir) est en fait un oxyde mixte qui peut s'écrire sous la forme FeO et Fe_2O_3. Des analyses par rayons X effectuées par Brag *et al.* [8] révèlent une structure de type spinelle qui peut être écrite $[Fe^{3+}]_A\ [Fe^{2+},Fe^{3+}]_B$ (figure IV.1.b). A des températures inférieures à 120 K, la magnétite voit sa structure changer en une structure monoclinique. La principale caractéristique de la magnétite est sa semi-métallicité à température ambiante et à haute température.

II.2. 3. L'hématite Fe_2O_3

L'hématite, $\alpha\text{-}Fe_2O_3$, est de couleur rouge et a une forme stable qui présente une symétrie rhomboédrique (type corindon α -Al_2O_3) (figure IV.1.c). Elle est conductrice de type n dans lequel la diffusion anionique est largement prédominante, la cinétique d'oxydation est lente pour le peu de défauts qu'elle présente, c'est un oxyde stable jusqu'à 1500 K puis réducteur :

$$3Fe_2O_3 \longrightarrow 2Fe_3O_4 + 1/2O_2$$

Elle est antiferromagnétique imparfaite (composante ferromagnétique), sa température de Néel qui correspond au passage de l'antiferromagnétisme au paramagnétisme est $T_N = 675$ K.

La maghémite, $\gamma\text{-}Fe_2O_3$, est une variété métastable de couleur brune. Elle s'obtient par oxydation de Fe_3O_4 dans l'intervalle de température 200-400° C ou du fer à température ambiante.

$$2Fe_3O_4 + 1/2O_2 \longrightarrow 3\gamma\text{-}Fe_2O_3$$

Elle a une structure cubique de type spinelle qui dérive de la magnétite par formation de lacunes dans le réseau des cations de ce composé, ce qui s'accompagne d'une légère réduction du paramètre cristallin, celui ci passe de $a_{Fe3O4} = 8,378$ Å à $a_{Fe2O3} = 8,34$ Å.

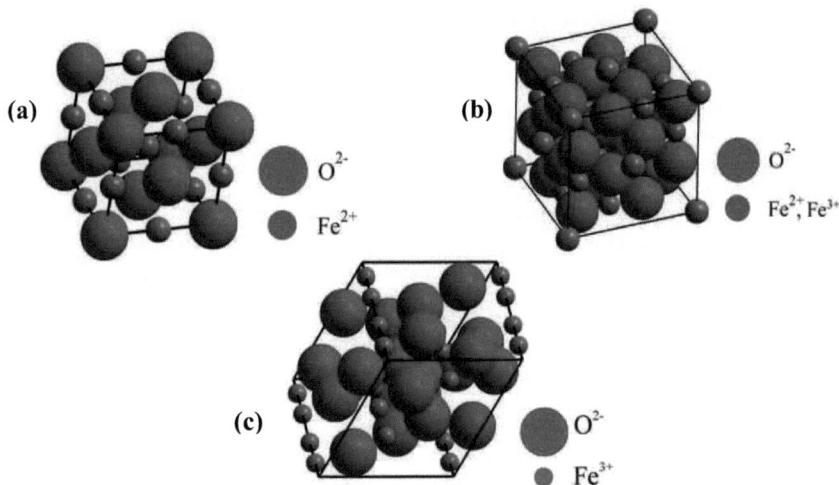

Figure IV. 1. Structure cristallographique de (a) wustite, (b) magnétite, (c) hématite

II.3. Intérêt potentiel et travaux antérieurs sur la magnétite et l'hématite

- **Magnétite**

La magnétite est potentiellement étudiée pour ses propriétés magnétiques, pour être ferrimagnétique jusqu'à une température de Curie très élevée (Tc = 860 K) et son effet magnétorésistif [9]. Cette dernière propriété décrit l'effet résistif dépendant de l'aimantation dans un système multicouche composé d'une alternance de couches ferromagnétiques et de couches non magnétiques. Le phénomène a pris de l'ampleur ces dernières années notamment avec l'émergence de l'électronique de spin ou de la spintronique. C'est une technique qui s'intéresse à la propriété quantique du spin de l'électron dans le but de stocker des informations. L'intérêt de ce phénomène ne cesse de progresser pour la fabrication des capteurs magnétiques comme les têtes des lecteurs de disques durs et les électrodes à jonctions tunnel magnétiques, qui sont à la base des mémoires magnétiques pour le stockage des informations [10]. La magnétite est très connue aussi pour sa transition métal/isolant qui intervient à la température de Verwey (Tv = 120 K) [11]. De plus, la magnétite est un matériau très intéressant pour l'élaboration de couches minces conduisant à des jonctions à forte magnétorésistance [12], grâce au large intervalle existant entre la température de Verwey Tv et la température de curie Tc = 860 K dans lequel elle se comporte comme un semi-métal. Néanmoins beaucoup de questions sur la transition de Verwey comme la nature de l'état électronique et le mécanisme de la formation du gap isolant à la température Tv restent toujours non résolues [13]. Le calcul de structure électronique de la magnétite via la LDA+U (l'approximation de la fonctionnelle densité avec la correction de l'interaction de coulomb) révèle la formation d'un gap inférieur à 0,2 eV [14] en dessous de la température de Verwey. Des travaux similaires entrepris par Anisimov *et al.* [15] et Antonov *et al.* [16] utilisant la méthode LDA, montrent des gaps de 0,34 eV et 0,19 eV respectivement. D'autres modèles théoriques ont été aussi recensés pour déterminer la structure de la magnétite à basse température [17,18], nous pouvons citer la méthode LSDA+U (approximation de la densité locale de spin avec la correction de l'interaction de coulomb) qui conduit à un gap de 0,03 eV [19]. Au moment où un travail expérimental présenté par Park *et al.* [20] donne une valeur du gap égale à 0,14 eV. Comme dans le cas de la magnétite, de nouvelles investigations s'imposent pour balayer à ces contradictions.

- **Hématite**

L'hématite est un semi conducteur très utilisé pour le revêtement [21], comme pigment [22] et comme détecteur de gaz [23]. Elle a été testée comme électrode dans la cellule électrochimique pour son gap approprié [24]. Des techniques de caractérisation ont été investies en imagerie, en analyse optique et élémentaire et dans l'étude de structures et des liaisons chimiques. Des films déposés par Dessai *et al.* [25] par la technique "spray pyrolysis" ont été caractérisés via la diffraction par rayons-X et la spectroscopie électronique à balayage. Ces études ont permis de déterminer la structure et la morphologie de ces films et l'analyse optique donne un gap d'environ 2,26 eV [25]. La technique FAD (filtred arc deposition) est utilisée par Glasscock [26] pour élaborer des films d'hématite afin de les appliquer dans la photoélectrochimie. Ses travaux s'inscrivent aussi dans la caractérisation par la diffraction de rayons-X et la spectroscopie Raman afin d'identifier les phases présentes dans le film. Par ailleurs, l'énergie du gap est estimée par la relation de Tauc à 2,7 eV [26]. Une autre étude similaire a été faite sur des films d'hématite à différentes pressions d'oxygène ; la mesure du coefficient d'absorption en utilisant la relation de Tauc donne une valeur du gap allant de 1,99 à 2,01eV pour des films déposés à T=100° C et de 1,79 à 1,96 eV à T=200° C [27]. De plus, Jen-Bin Shi *et al.* [28] se sont intéressés à la synthèse de nanoparticules d'hématite, dont l'étude trouve des applications dans la biologie et la détection de gaz. Ainsi, ils ont observé une forte absorption dans la région du Visible-IR avec un seuil à 545 nm correspondant à un gap de 2,28 eV. Une autre étude optique est menée par Jiao Hua et Yang Heqing sur des superstructures Urchin-like α-Fe_2O_3 déposé sur un substrat de Si, le spectre de photoluminescence obtenu montre une faible bande centrée à 548 nm dont le gap est situé à 2,26 eV [29].

III. Conditions expérimentales

Dans le cadre de ce travail, nous avons réalisé des expériences avec la méthode d'analyse de surfaces par spectroscopie optique (ASSO). Nous exposons la méthode de préparation des échantillons et les paramètres expérimentaux utilisés.

III.1. Préparation des échantillons

L'échantillon de fer utilisé est de pureté 99,99 % et nous a été fourni par l'entreprise nationale d'industrie d'électroménager (ENIEM) de Tizi-Ouzou, Algérie. Avant d'être admis dans l'enceinte, cet échantillon est poli avec du papier abrasif et nettoyé avec de l'acétone puis passé à l'ultrason et ensuite séché. Il faut souligner, qu'avant l'enregistrement des spectres, l'échantillon subi un nettoyage *in- situ* pendant 10 minutes sous l'action érosive du faisceau d'ions Kr^+. Les poudres de fer et des oxydes ferriques Fe_2O_3 et spinelles Fe_3O_4 proviennent du département de chimie de la faculté des sciences de l'université Cadi Ayyad de Marrakech, Maroc. Elles ont été logées dans des portes échantillons en inox conçus pour ce type d'échantillons (figure III.5). Les poudres d'oxydes ont été compactées à la main à l'aide d'une tige réalisée pour cet usage. Quant à l'échantillon de fer poudre, nous avons dû le compacter à l'aide d'une presse à 7 tonnes.

III.2. Paramètres expérimentaux

Les expériences sont réalisées dans un vide meilleur que 10^{-7} Torr au niveau de la surface à analyser. Le vide se détériore légèrement pendant le bombardement pour atteindre 5.10^{-7} Torr. Cet accroissement est dû au flux de particules incidentes Kr^+ et des produits de pulvérisation.

Un faisceau d'ions Kr^+ d'énergie 5 keV est utilisé pour bombarder l'échantillon ; la valeur de cette énergie permet d'assurer un bon rendement photonique. En dessous de cette valeur le rendement décroît. Quant aux énergies supérieures, la structure du solide risque d'être perturbée avec la vitesse de pénétration des ions dans le solide, de plus le risque de claquage augmente quand on atteint les limites de l'appareil [30]. L'utilisation du krypton permet non seulement de limiter les réactions solide-gaz mais aussi d'avoir un taux de pulvérisation plus important qu'avec les ions argon, hélium et néon [30]. De plus, le krypton est moins coûteux que le xénon et présente moins d'impuretés d'oxygène. L'intensité du faisceau d'ions dépend du courant qui circule dans le filament cathode, du potentiel d'extraction, des paramètres géométriques des lentilles électrostatiques et des plaques déflectrices. Cette intensité peut atteindre 1,2 µA pour une section de 1 mm^2. L'angle de bombardement est de 30° environ par rapport au plan de la surface de l'échantillon (soit 60° par rapport à la normale à la surface de l'échantillon). Ce choix repose sur les observations faites sur la raie la plus intense 272,1 nm du fer où le signal lumineux est maximum pour un angle d'attaque allant de 60° à 70° par rapport à la normale. La figure IV.2 montre le comportement de la raie située à 372,1 nm en fonction de l'angle d'attaque Φ lors du bombardement de l'échantillon Fe par les ions Kr$^+$ de 5 keV à la pression de base. Nous observons une augmentation du signal avec l'angle jusqu'à un maximum repéré à Φ = 30° par rapport à la surface de l'échantillon, suivie d'une décroissance brutale pour des angles supérieurs à cette valeur. Ce comportement a été aussi constaté par Kaddouri [30] dans le cas du cuivre et par Varenne [31] dans le cas du titane dans des conditions similaires aux nôtres. Quant à la sensibilité de la détection, elle s'étend de 185 nm à 710 nm. Dans ce travail, nous avons présenté des résultats sur le fer et ses deux oxydes uniquement dans le domaine spectral allant de 340 nm à 410 nm, étant donné que l'émission est plus importante dans cette région spectrale. Nous avons travaillé avec une résolution instrumentale de 0,2 nm, un pas de mesure de 0,1 nm (puisqu'il faut au moins trois points pour construire une raie) et avec un temps de comptage de 1000 ms.

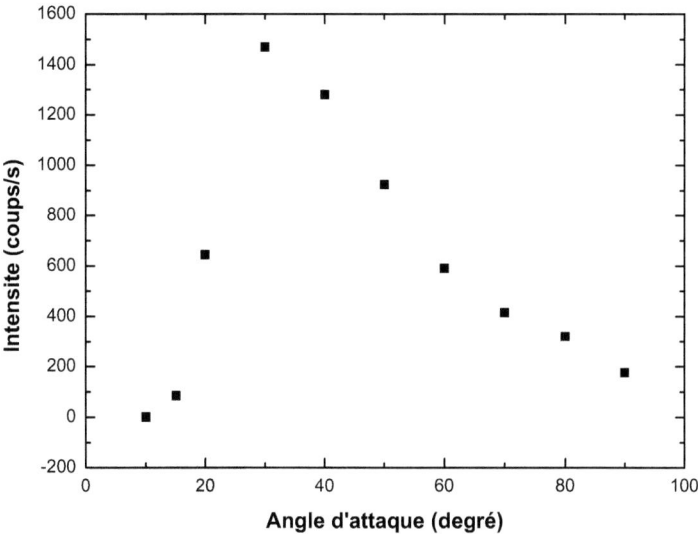

Figure IV. 2. Evolution de l'intensité de la raie située à 372,1 nm en fonction de l'angle d'attaque Φ par rapport à la surface de l'échantillon lors du bombardement de Fe par des ions Kr^+ de 5 keV.

IV. Résultats expérimentaux

Nous avons bombardé dans une première étape deux échantillons sous les conditions expérimentales citées précédemment, l'un du fer massif et l'autre sous forme de poudre à la pression de 5.10^{-7} Torr, puis nous avons introduit une atmosphère d'oxygène sous une pression de 5.10^{-6} Torr et 10^{-5} Torr. Dans une deuxième étape nous avons procédé au bombardement des deux oxydes de fer *i.e.* l'hématite (Fe_2O_3) et la magnétite (Fe_3O_4).

IV.1. Emissions optiques du fer massif et poudre

Nous avons mesuré des spectres de luminescence des produits de pulvérisation du fer massif et du fer poudre. Cette étude permet d'examiner l'influence de la nature (massive ou poudre) du métal sur le comportement des spectres de luminescence des produits de pulvérisation. Les figures IV.4.a et IV.4.b représentent respectivement les spectres obtenus lors du bombardement du fer massif et poudre sous les conditions expérimentales citées ci-dessus (paragraphe III.2) et à la pression de base de 5.10^{-7} Torr. Ces deux spectres présentent une série de raies d'intensité significative (>3 % de l'intensité de la raie la plus intense) dont la majorité sont situées dans le domaine spectral allant de 340 nm à 410 nm. La raie la plus intense est localisée à 372,1 nm que nous identifions à la transition $^5F_5^0 \rightarrow {^5D_4}$. Toutes ces raies sont identifiées à des émissions optiques de neutres Fe I et aucune raie associée à un ion n'est observée dans le domaine spectral exploré. Toutefois, nous avons repéré deux raies d'impuretés positionnées à 358,0 nm et 360,9 nm identifiées à des raies du chrome neutre Cr I dans le cas du fer massif et une raie positionnée à 358,0 nm dans le cas du fer poudre. De plus, le spectre présente un chevauchement de raies fines dans la région allant de 370 nm à 380 nm, cette région a été ainsi balayée avec un pas de 0,07 nm et une ouverture de la fente de 100 µm au niveau du monochromateur ce qui offre une résolution meilleurs que 1Å. Cette procédure nous permet de départager les raies spectrales et de vérifier qu'il n'y a pas de continuum sur lequel se superposent les raies détectées. La figure IV.5 montre clairement ces raies et indique l'absence de continuum. Par ailleurs, une simple comparaison des spectres des figures IV.4.a et IV.4.b permet de constater un accroissement des intensités des raies atomiques observées dans l'échantillon de fer massif par rapport à celle du fer poudre. En effet, les intensités des pics augmentent d'un facteur d'environs 5 pour la majorité des raies spectrales pour atteindre 16,5 pour la raie repérée à 393 nm. De plus nous remarquons l'existence de quelques raies dans le spectre correspondant au fer massif et leur absence dans le spectre du fer poudre, ces dernières sont situées aux positions de 368,2 nm, 376,7 nm, 381,7 nm, 383,6 nm, 384,3 nm, 392,3 nm, 394,6 nm, 396,3 nm et 403,4 nm. Ces différentes observations sont reportées sur le tableau IV.1, dont les deux premières colonnes représentent les longueurs d'ondes observées et leurs identifications à celles existant dans la littérature.

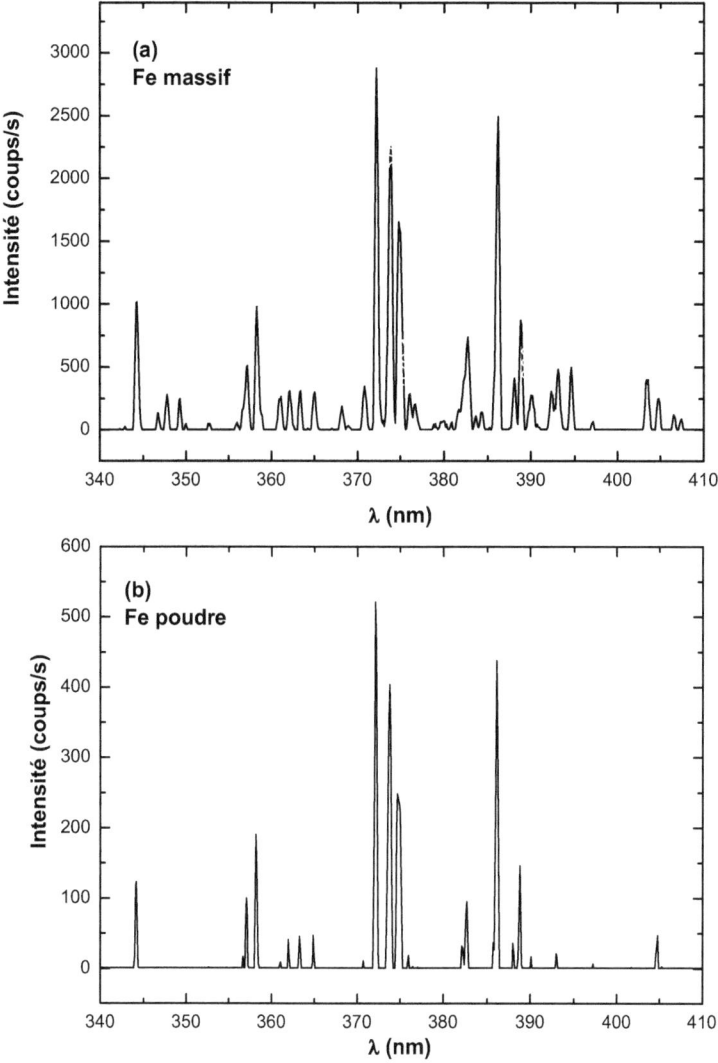

Figure IV. 4. Emission optique à une pression $P = 5.\ 10^{-7}$ Torr

a - fer massif   b - fer poudre [32]

λ_o (nm) observée	λ_L (nm) [33]	$I_{absolue}$ (coups/s)		$I_{absolue}$ (coups/s)	
		Fe poudre P=7.10^{-7} T	Fe poudre P=5.10^{-6} T	Fe massif P=7.10^{-7} T	Fe massif P=5.10^{-6} T
344.2	344.09	177	682	1013	1724
357.1	357.01	100	440	507	1107
361.1	361.01	-	241	263	570
362.0	361.87	75	300	254	777
363.2	363.14	62	278	309	719
365.0	364.78	63	295	299	759
368.2	367.99	-	74	187	390
372.1	371.99	535	1405	2879	4929
373.8	373.71	396	1165	2254	3997
374.8	374.82	307	767	1654	2820
376.0	375.82	36	210	286	653
376.7	376.71	-	114	204	500
381.7	381,58	-	177	159	487
382.7	382.58	97	293	734	1235
383.6	383,42	-	40	109	347
386.1	385.99	425	955	2492	3823
388.0	387.85	39	186	408	674
388.8	388.85	159	432	870	1414
390	389,97	17	88	-	-
392.3	392,29	-	105	305	491
393.0	393.03	29	159	481	677
404.8	404.58	47	219	249	664

Tableau IV.1. Les longueurs d'ondes observées sur le fer massif et poudre avec et sans atmosphère d'oxygène ainsi que leurs intensités.

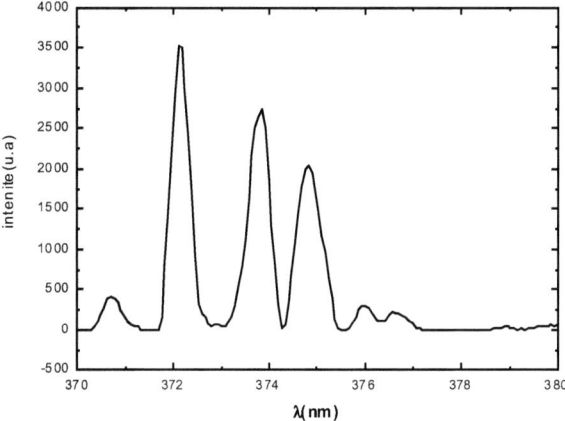

Figure IV. 5. Partie du spectre de luminescence de Fe en absence d'oxygène avec une résolution meilleure.

IV.2. Emissions optiques du fer en présence d'une atmosphère d'oxygène

Comme nous l'avons déjà souligné précédemment, le but de ce travail est aussi d'étudier l'influence d'un environnement chimique constitué d'une atmosphère d'oxygène sur le métal pur. Ainsi, dans les deux cas précédents (échantillon de fer massif et poudre), nous avons introduit l'oxygène dans l'enceinte à des pressions très faibles (5.10^{-6} Torr). Les spectres de luminescence obtenus pour le fer massif et poudre sont respectivement montrés sur les figures IV.6.a et IV.6.b. Une simple comparaison des figures IV.4.a avec IV.6.a et IV.4.b avec IV.6.b montrent les mêmes raies spectrales aux mêmes longueurs d'ondes, mais les intensités ont augmenté considérablement avec l'introduction de l'oxygène. En effet, dans le cas du fer poudre les intensités ont augmenté d'un facteur allant de 2,2 pour la raie située à la position 386,1 nm pour atteindre un facteur de 5,4 pour la raie située à 393,0 nm. Quant au fer massif cette augmentation n'excède pas un facteur de 1,6 à une pression de 5.10^{-6} Torr et atteint un facteur 2 à une pression de 10^{-5} Torr (figure IV. 7). Notons que durant ces différentes expériences nous avons bombardé la même zone de l'échantillon. Par ailleurs, dans le cas du fer poudre, nous avons noté l'apparition de nouvelles raies repérées à 346,7 nm, 349,2 nm, 376,6 nm, 384,2 nm et à 407,3 nm avec l'introduction d'oxygène dans l'enceinte. Quant au fer massif, nous observons en présence de l'oxygène l'apparition d'une raie à la position 367,1 nm avec une intensité assez importante (22 % par rapport à la plus intense) et d'autres raies d'intensités moins significatives aux positions 400,7 nm, 401,7 nm et 402,5 nm.

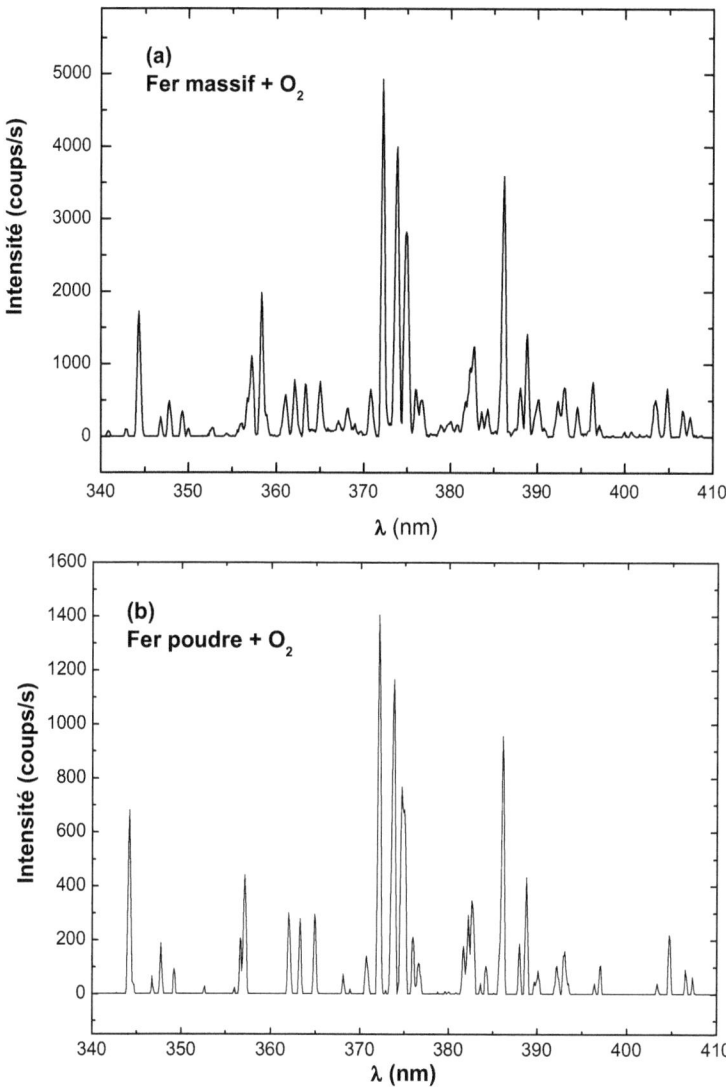

Figure IV. 6. Emission optique dans une atmosphère d'oxygène de pression
P = 5. 10^{-6} Torr

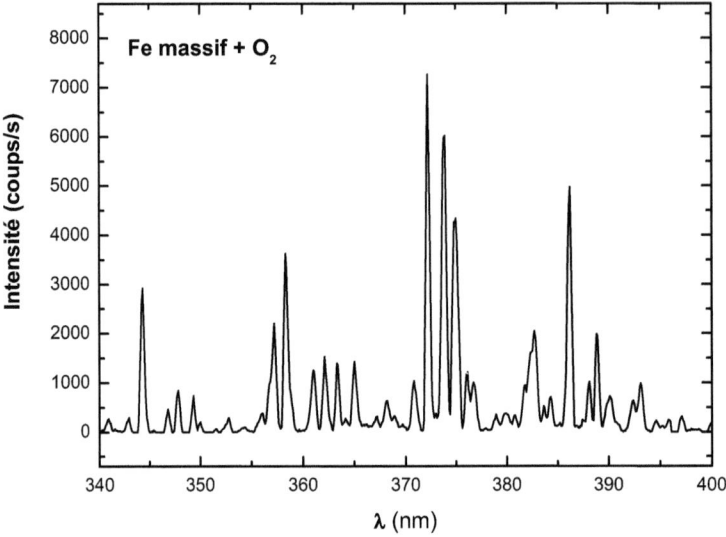

Figure IV. 7. Emission optique du fer massif à la pression P = 10^{-5} Torr.

IV.3. Emissions optiques de l'hématite

Nous proposons ici une étude comparative entre l'hématite (Fe_2O_3) sous forme de poudre et le fer poudre pur (sous vide) et puis dans un milieu oxygéné. Pour ce faire, nous bombardons sous les mêmes conditions expérimentales que précédemment un échantillon de l'oxyde Fe_2O_3 sous une pression de base de 5.10^{-7} Torr. La figure IV.8 montre le spectre de luminescence obtenu dans le domaine spectral allant de 340 nm à 410 nm. Une simple comparaison des figures IV.4.b et IV.8 montre que les raies obtenues dans le cas de l'hématite sont exactement les mêmes que celles du fer poudre pur avec une exaltation des intensités d'un facteur atteignant une valeur de 1,5 environ pour la majorité des raies. En revanche, l'analyse des figures IV.6.b et IV.8 montrent une atténuation claire des intensités des raies de l'oxyde Fe_2O_3 par rapport à celles déjà observées dans le cas du fer poudre en présence de l'oxygène.

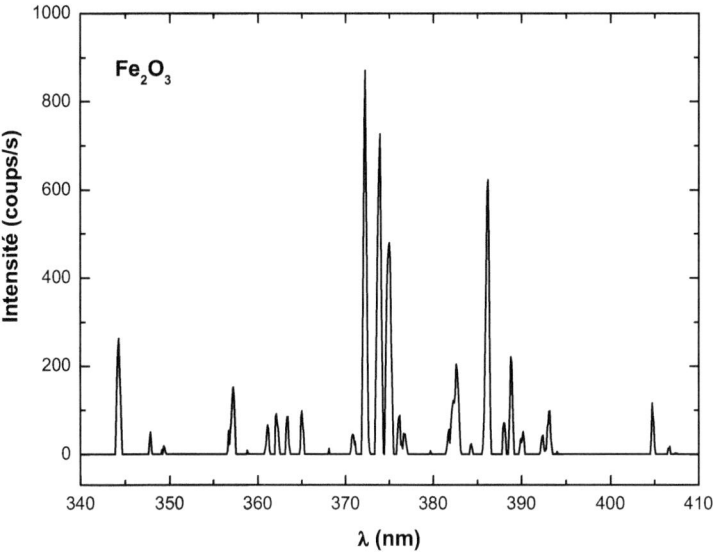

Figure IV. 8. Emission optique de l'Hématite à la pression P = 5.10^{-7} Torr [32].

IV. 3. Emissions optiques de la magnétite

La figure IV. 9 montre le spectre de luminescence observé dans la région 340 nm à 410 nm, lors du bombardement d'un échantillon de magnétite Fe_3O_4 sous forme de poudre et sous les mêmes conditions expérimentales que précédemment. Les mêmes remarques que dans les cas précédents sont à relever, c'est à dire les mêmes raies spectrales sont observées aux mêmes positions. Nous devons remarquer que l'intensité de certaines raies a augmenté considérablement par rapport à celles observées dans le cas du fer poudre en absence d'oxygène (figure IV.4.b) alors que d'autres restent invariantes. Toutefois, nous avons enregistré une diminution d'intensité de toutes les raies observées dans le cas de la magnétite par rapport à celles détectées pour le fer pur dans une atmosphère d'oxygène (figure IV.6.b). De plus, une comparaison des spectres de l'hématite et de la magnétite (figure IV.8 et IV.9) montre aussi que les intensités des raies de l'hématite sont légèrement supérieures à celles de la magnétite. De même, le spectre de luminescence obtenu avec l'hématite (figure IV.8) indique une augmentation de l'intensité de toutes les raies observées alors que celui de la magnétite (figure IV.9) montre de façon très claire l'invariance de l'intensité de certaines raies notées **a, b, c, d, e, f, g, h, i,** et **j** dans le tableau IV.2 – dans la limite des erreurs expérimentales – où sont résumées les différentes observations. Les deux premières colonnes du tableau IV.2 représentent les différentes raies observées, notées λ_o et celles données dans la littérature, notées λ_L. La différence entre λ_o et λ_L qui atteint parfois 0,2 nm est due au défilement du moteur pas à pas. Sur les autres colonnes du tableau IV.2, nous avons reporté les intensités absolues des raies correspondant au fer pur, fer dans une atmosphère d'oxygène, Fe_2O_3 et Fe_3O_4, ainsi que l'identification des transitions correspondantes et les énergies des niveaux supérieurs et inférieurs des états impliqués dans la transition mise en jeu. La valeur de l'état supérieur donne l'énergie interne des atomes neutres excités et la dernière colonne correspond à l'énergie Ev définie par Ev = E*–I$^+$ où E* étant l'énergie de l'état émetteur et I$^+$ le potentiel d'ionisation de l'élément.

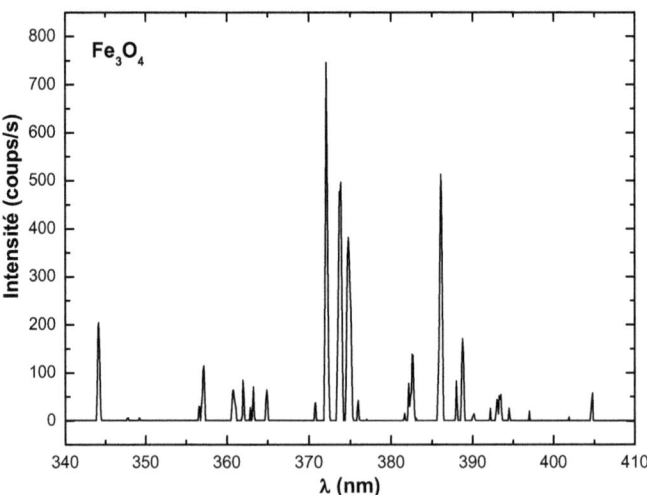

Figure IV. 9. Emission optique de la magnétite à la pression P = 5.10^{-7} Torr [32].

Chapitre IV : Emissions Optiques des produits de pulvérisation du Fer et de ses oxydes Fe_2O_3 et Fe_3O_4

λ_o (nm) observée	λ_L (nm) [33]	$I_{absolue}$ (coups/s) Fe	$I_{absolue}$ Fe + O_2	$I_{absolue}$ Fe_3O_4	$I_{absolue}$ Fe_2O_3	Transition [34]	Niveaux d'énergie (eV) [34] Supérieure E* (eV)	inférieure (eV)	Ev (eV)	
344.2	344.19	185	682	201	263	$3d^6\,4s\,4p.z\,^5P_2^0 - 3d^6\,4s^2.a\,^5D_3$	3.65	0.05	-4,24	**a**
357.1	357.01	100	440	115	152	$3d^7\,4p.z\,^3G_5^0 - 3d^7\,4s.a\,^5F_4$	4.39	0.91	-3,50	**b**
362.0	361.97	75	300	85	92	$3d^7\,4p.z\,^5G_3^0 - 3d^7\,4s.a\,^5F_2$	4.42	0.99	-3,47	**c**
363.2	363.21 / 363.24	62	278	71	85	$3d^6\,4s\,4d.f^7\,D_5 - 3d^6\,4s4p.z^5F_5^0$ / $3d^7\,4p.z\,^5G_4^0 - 3d^7\,4s.a\,^5F_3$	6.24 / 4.37	2.83 / 0.96	-3,52	**d**
365.0	364.88	63	295	65	98	$3d^7\,4p.z\,^5G_5^0 - 3d^7\,4s.a\,^5F_4$	4.31	0.91	-3,58	**e**
372.1	**372.09**	**535**	**1405**	**746**	**870**	$\mathbf{3d^6\,4s\,4p.z\,^5F_5^0 - 3d^6\,4s^2.a\,^5D_4}$	**3.33**	**0.00**	**-4,53**	**B**
373.8	373.81	396	1165	496	726	$3d^6\,4s\,4p.z\,^5F_4^0 - 3d^6\,4s^2.a\,^5D_3$	3.36	0.05	-4,56	**A**
374.8	374.82	307	767	324	479	$3d^7\,4p.z\,^5F_4^0 - 3d^7\,4s.a\,^5F_4$	3.41	0.11	-4,48	**f**
376.0	375.93	36	210	43	88	$3d^7\,4p.y\,^5F_3^0 - 3d^7\,4s.a\,^5F_3$	4.26	0.96	-3,63	**g**
382.7	382.69	97	293	129	204	$3d^7\,4p.y\,^5D_3^0 - 3d^7\,4s.a\,^5F_4$	4.16	0.91	-3,73	**h**
386.1	386.10	425	955	513	622	$3d^6\,4s\,4p.z\,^5D_4^0 - 3d^6\,4s^2.a\,^5D_4$	3.21	0.00	-4,68	**C**
388.0	387.96	39	186	83	71	$3d^6\,4s\,4p.z\,^5D_1^0 - 3d^6\,4s^2.a\,^5D_2$	3.28	0.09	-4,61	**D**
388.8	388.81 / 388.96	159	432	171	221	$3d^7\,4p.y\,^5D_4^0 - 3d^7\,4s.a\,^5F_4$ / $3d^7\,4p.y\,^3D_2^0 - 3d^7\,4s.a\,^3F_2$	4.10 / 4.79	0.91 / 1.60	-3,10	**i**
393.0	393.14	29	159	44	98	$3d^6\,4s\,4p.z\,^5D_3^0 - 3d^6\,4s^2.a\,^5D_2$	3.24	0.09	-4,65	**E**
404.8	404.69	47	219	58	116	$3d^7\,4p.y\,^3F_4^0 - 3d^7\,4s.a\,^3F_4$	4.55	1.48	-3,34	**j**

Tableau IV.2. Les longueurs d'ondes observées et les transitions correspondantes

87

V. Interprétation des résultats

Après avoir présenté les résultats d'émissions optiques des produits de pulvérisation du fer et ses deux oxydes lors du bombardement par un faisceau d'ions Kr^+ de 5 keV, nous passons maintenant à leur analyse et interprétation. Le comportement des raies est interprété dans le cadre du modèle d'échange développé dans le paragraphe V du chapitre II.

V.1. Le spectre du fer avec et sans atmosphère d'oxygène

L'interprétation des résultats peut être abordée par l'examen des spectres de luminescence obtenus avec le fer poudre et massif (figure IV.4.a et IV.4.b). En absence d'oxygène, nos résultats montrent clairement que sous un bombardement ionique, les spectres de luminescence du fer massif diffèrent légèrement en intensité de ceux du fer poudre. Le tableau IV.1 rapporte les intensités des différentes raies de ces spectres. Cette différence est vraisemblablement liée à la quantité de matière pulvérisée puisque cette dernière est régie par l'efficacité des collisions en cascade qui sont initiées par l'ion incident. L'énergie transférée au cours des collisions semble être "annihilée" dans le fer poudre provoquant ainsi une diminution du nombre de particules éjectées et donc d'espèces excitées. Les spectres associés au fer massif et poudre présentent une série de raies dont la plus intense est observée à 372,2 nm. Toutes ces raies sont identifiées à des neutres Fe I, leurs attributions aux états correspondants sont résumées dans le tableau IV.2. L'identification des raies est faite grâce aux tables de Nave *et al.* [34] qui montrent le spectre du fer d'une lampe à cathode creuse en présence du gaz néon et argon enregistré avec le spectromètre de transformée de Fourier. Les auteurs ont aussi observé des raies Fe II, alors que dans notre cas les émissions optiques des ions excités sont totalement absentes, ceci est probablement dû à la différence des conditions expérimentales. Nave *et al.* [34] ont reporté des données caractérisant les énergies des états excités d'atomes, de molécules et d'ions qui nous ont servi de références. Une partie des résultats est aussi obtenu par Kaddouri [30] qui a étudié le spectre de luminescence du fer massif dans des conditions expérimentales similaires mais dans un domaine spectral plus large. Par ailleurs, en présence d'une atmosphère d'oxygène, les spectres de luminescence (figures IV.6.a et IV.6.b) montrent que les intensités absolues des raies spectrales augmentent toutes avec l'augmentation de la pression d'oxygène, on dit qu'elles ont une dépendance positive. Leurs intensités sont indiquées sur le tableau IV.1. Il est bien connu que la présence de l'oxygène modifie la composition chimique de la surface du solide et donc sa structure de bande d'énergie, la plupart des métaux réagissent spontanément en formant un oxyde au contact de l'air, la couche ainsi formée doit être un oxyde caractérisé par sa bande interdite (gap) et son affinité électronique [35]. L'exaltation des intensités des raies peut s'expliquer dans le cadre du modèle d'échange d'électrons [34] entre les niveaux d'énergie de l'atome excité pulvérisé et les niveaux d'énergie de l'échantillon fer étudié. Pour illustrer ce phénomène, nous avons reporté sur la figure IV.10 un diagramme des niveaux d'énergie en prenant comme origine l'énergie du vide. Sur la colonne de gauche sont indiquées les bandes d'énergie du métal Fe et sur les trois colonnes de droite, celles de ses différents oxydes (Fe_2O_3, Fe_3O_4 et $Fe+O_2$) et à titre indicatif quelques niveaux d'énergie de l'atome excité ainsi que les transitions y associées. Le métal pur est ainsi repéré par son travail de sortie $\phi = 4,7$ eV [36], les oxydes Fe_2O_3 et Fe_3O_4 par leur affinités électroniques A_f et leur gap E_g de valeur 1,79 eV [27] et 0,2 eV [14] respectivement et enfin l'atome excité par l'énergie Ev définie par : $Ev = E^*-I^+$ où E^* est l'énergie en eV de l'état émetteur et $I^+ = 7,897$ eV [37] est le premier potentiel d'ionisation de l'élément Fe. Pour une meilleure illustration, les valeurs de Ev des états émetteurs des différentes raies spectrales identifiées sont reportées sur le tableau IV.2. Quand le bombardement s'effectue dans une atmosphère d'oxygène ($Fe+O_2$), les intensités de toutes les raies révèlent une dépendance positive. Dans le cadre du modèle d'échange d'électrons, l'oxygène adsorbé à la surface de la cible modifie la structure de bandes d'énergie de la cible initiale et le solide ainsi formé est un "oxyde" caractérisé par un gap qui sépare la bande de conduction et la bande de valence. En se reportant au diagramme des énergies de la figure IV.10, nous constatons que les états émetteurs des raies, dont les intensités ont augmenté, sont tous situés à la fois en face de la bande de conduction et en face du gap de l'oxyde (Ev <-A_f) ou (-Φ<Ev<0). Ces états peuvent alors échanger leur électron excité avec le métal et non pas avec l'oxyde. Par conséquent, les processus de désexcitation non radiatifs sont bloqués et le dépeuplement des états excités des particules s'effectue alors par émission de photons, ce qui intensifie le signal lumineux des raies associées à ces états émetteurs. Comme déjà cité précédemment, toutes les raies ont augmenté d'intensité, ceci montre que tous les états émetteurs de ces raies doivent se trouver en face du gap de l'échantillon fer oxygéné. En tenant compte des valeurs de l'énergie Ev reportées dans le tableau IV.2, l'énergie la plus importante des états émetteurs est de -3,10 eV par rapport au niveau du vide, quant à l'énergie la plus basse, elle est repérée à -4,68 eV. L'écart d'énergie entre ces deux états est de 1,58 eV par conséquent, ce modèle suggère pour l'oxyde formé une affinité électronique inférieure à 3,10 eV et une valeur du gap au moins égale à 1,58 eV.

V.2. Le spectre de l'hématite

Pour l'oxyde Fe_2O_3, toutes les raies indiquent une dépendance positive voir tableau IV.1. Ce comportement s'explique convenablement par le modèle d'échange d'électrons, puisque tous les états émetteurs se situent en face du gap de l'oxyde et en face de la bande de conduction du métal, ils peuvent alors échanger leur électron excité avec le métal et non pas avec l'oxyde. Comme précédemment, les processus de désexcitation non radiatifs sont bloqués et le dépeuplement des états excités des particules s'effectue alors par émission de photons, ce qui intensifie le signal lumineux des raies associées à ces états émetteurs. Le comportement des raies est similaire à celui observé dans le cas du fer avec oxygène. Ce modèle suggère donc pour cet oxyde une affinité électronique au plus égale à 3,10 eV et une valeur du gap au moins égale à 1,58 eV. Cette dernière n'est pas loin de 1,79 eV valeur trouvée par Eric *et al* [27]. Par contre, notre mesure est en désaccord avec les valeurs de 2,7 eV

[26], 2,26 eV [29] et 2,28 eV [28] données dans la littérature par différents auteurs. Par ailleurs, Brundle et al. [38] ont trouvé des résultats similaires par les techniques X-ray photoelectron spectroscopy (XPS) et low energy electron diffraction (LEED) lors de l'analyse de FeNi oxygéné, où ils ont montré que la surface analysée est enrichie de Fe_2O_3. Par contre l'étude de la structure électronique de la surface Fe(100), par la technique de spectroscopie de photoémission UV et la diffraction d'électrons lents combinée à la spectroscopie Auger (LEED-AES), révèle la formation d'une couche d'oxyde $Fe-O_2$ durant la phase de chimisorption et d'oxydation [39].

V.3. Le spectre de la magnétite

Dans le cas de la magnétite (Fe_3O_4), nous relevons cinq raies qui manifestent une dépendance positive et dix autres semblent conserver leur intensité (Figure IV.9). Comme indiqué sur le tableau IV.2, nous notons par des lettres majuscules **A, B, C, D,** et **E** les cinq raies exaltées et par des lettres minuscules **a, b, c, d, e, f, g, h, i,** et **j** les dix raies Fe I dont les intensités sont invariantes. Le comportement de l'ensemble de ces raies s'explique correctement dans le cadre du modèle d'échange d'électrons. En effet, les états émetteurs des raie notées **A, B, C, D,** et **E** dont les intensités augmentent et représentés dans le diagramme d'énergie, sont situés à la fois en face de la bande de conduction ($-\Phi < E_V < 0$) du métal et du gap de l'oxyde ($E_V < -A_f$). Ces états peuvent ainsi libérer leur électron au métal (Fe) et non pas à l'oxyde (Fe_3O_4). Les dix autres raies dont les intensités sont invariantes et qui sont associées aux états émetteurs **a, b, c, d, e, f, g, h, i** et **j** sont situées à la fois en face de la bande de conduction ($-\Phi < E_V < 0$) du métal et de la bande de conduction de l'oxyde Fe_3O_4 ($-A_f < E_V < 0$). Ces états se désexcitent vers le métal et/ou vers l'oxyde. La différence entre l'énergie Ev de -4,48 eV de la raie invariante située à la position 374,8 nm (la plus basses des énergies des états émetteurs des raies invariantes) et l'énergie Ev de -4,68 eV de la raie situé à 386,1 nm (la plus basse des énergies des états émetteurs des raies exaltées) donne pour cet oxyde une valeur du gap au plus égale à 0,2 eV.

De plus la différence entre l'énergie Ev de -4,48 eV (cité précédemment) et l'énergie Ev de -4,68 eV de la raie 372,1 nm (la plus importante des énergies des états émetteurs des raies exaltées) donne une valeur de gap au moins égale à 0,15 eV. La valeur de gap mesurée avec notre modèle doit être donc située entre 0,15 eV et 0,2 eV et la valeur de l'affinité électronique supérieure à 4,48 eV. Cette valeur du gap est en parfait accord avec les valeurs de 0,2 eV et 0,14 eV mesurées par Horng-Tay Jeng et al. [14] et Park et al. [15] respectivement ainsi que la valeur théorique de 0,19 eV prévue par la méthode LDA [17]. Afin d'illustrer les différences entres les valeurs existant dans la littérature, nous reportons sur le tableau IV.3 quelques gap des oxydes de fer, Fe_2O_3, Fe_3O_4 et FeO.

oxyde	Gap (eV)	Température	Méthode de calcul/expérimentale	Référence
Fe_2O_3	2,26		photoluminescence	[27]
	2,7		photoluminescence	[28]
	1,99 à 2,01	T=100° C	photoluminescence	[29]
	1,79 à 1,96	T=200° C	photoluminescence	[29]
	2,28		photoluminescence	[30]
	2,26		photoluminescence	[31]
	> 1,58	T- ambiante	SIPS	Ce travail
Fe_3O_4	0,03	U=4,5eV/ Basse T	LSDA+U	[20]
	0,18	U=5eV / Basse T	LSDA+U	[20]
	0,2	Basse T	LDA+U	[14]
	0,34	Basse T	LDA	[16]
	0,19	Basse T	LDA	[17]
	0,15 à 0,2	T- ambiante	SIPS	Ce travail
FeO	2,4		LDA+U	[7]

Tableau. IV.3. Quelques valeurs de gap des oxydes Fe_2O_3, Fe_3O_4 et FeO.

Les valeurs que nous trouvons dans le cas de la magnétite sont différentes de celles obtenues pour le cas du fer dans une atmosphère d'oxygène. Ces résultats montrent clairement que la structure de bande de l'oxyde formé dans une atmosphère d'oxygène est semblable à celle de l'hématite et non à celle de la magnétite. Nous concluons donc que dans le cas du fer oxygéné, une couche d'hématite est en train de se former sur la surface de l'échantillon.

Par ailleurs, la comparaison des intensités des raies des différents spectres obtenus lors du bombardement ionique du métal en présence de l'oxygène et des deux oxydes Fe_2O_3 et Fe_3O_4 montre une variation considérable du signal. En effet, les intensités absolues enregistrées dans le cas de Fe en présence de l'oxygène sont plus importantes que celles observées lors du bombardement d'une cible de Fe_2O_3 ou encore de Fe_3O_4. Cette variation atteint un facteur de 4,5 pour la raie située à 364,78 nm dans le cas de Fe_3O_4. Il semble qu'en présence d'oxygène, le mécanisme de formation des atomes excités n'est pas seulement dû à l'éjection directe des particules de fer par la cible, mais une désexcitation dissociative des molécules pulvérisées peut aussi avoir lieu. En effet, lors du bombardement du fer en présence d'oxygène, des molécules métal-oxygène (Fe-O_2) sont éjectées et peuvent se dissocier spontanément loin de la surface à des distances où les processus d'échange d'électrons avec la surface ne se produisent plus et échappent ainsi au processus non radiatif pour donner des atomes excités qui se désexcitent par émission de photons. Ce mécanisme de formation de particules excitées, dû à la rupture de liaison et connu sous le nom de « bond-breaking », a été déjà évoqué par Bobkov [40] lors du bombardement de Al et de MgO.nAl_2O_3 (n=1.0 ; 2.5) avec un faisceau d'ions Ar^+ de 20 keV.

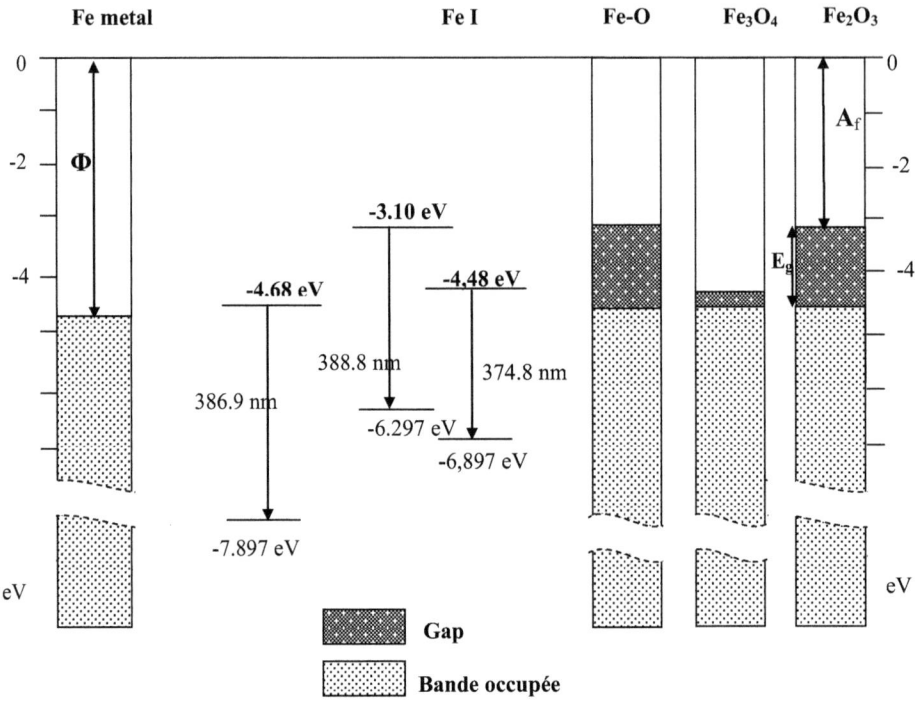

Figure IV. 10. Diagramme d'énergie du fer et des deux oxydes Fe_2O_3 et Fe_3O_4 [32].

VI. Conclusion

Dans ce chapitre, nous avons étudié la lumière émise, lors du bombardement ionique par des ions Kr^+ du fer (poudre et massif), en absence et en présence d'oxygène. De même, et dans les mêmes conditions, nous avons étudié les spectres de luminescence des oxydes de fer : Fe_2O_3 et Fe_3O_4 sous forme de poudre compactée. Toutes les raies spectrales détectées ont été identifiées à des raies d'atomes neutres (Fe I) et nous n'avons observé aucune raie associée ni aux ions Fe^+ et ni aux ions Kr^+. De plus aucune radiation continue (continuum) aussi bien pour le métal que pour ses oxydes n'est détectée.

Lorsque le bombardement s'effectue dans une atmosphère d'oxygène, les spectres de luminescence présentent des raies spectrales très fines dont les intensités ont augmenté. L'émission de photons à partir d'une surface non oxygénée et celle provenant du même métal bombardé en présence d'oxygène sont très distinctes. Les particules excitées proviennent des toutes premières couches atomiques de la surface et se désexcitent par émission de photons loin de cette surface. Dans le cas d'une surface pure, l'émission de lumière est régie par la désexcitation des particules rapides, par contre dans le cas d'une surface oxygénée, l'exaltation des intensités des raies peut s'expliquer par la contribution des particules lentes de faible énergie cinétique qui échappent au processus non radiatif et annihile ainsi le processus d'ionisation résonnante ou encore la désexcitation Auger. Ce comportement, qui est aussi bien décrit par le modèle d'échange d'électrons, suppose la formation d'une couche d'oxyde caractérisée par une bande interdite (gap) qui bloque le processus non radiatif et permet le dépeuplement des états excités par voie radiative. L'émission de photons est aussi régie par le processus de dissociation radiative où les particules sont éjectées dans l'état excité suite à la rupture de liaison des molécules Fe-O_2 et qui se désexcitent loin de la surface.

Pour l'oxyde Fe_3O_4, la valeur du gap déduite de nos mesures est située entre 0,15 eV et 0.2 eV et l'affinité électronique est supérieure à 4.48 eV. Quant à l'oxyde Fe_2O_3, la valeur de gap est supérieure à 1,58 eV avec une affinité électronique inférieure à 3.10 eV. Le comportement similaire observé dans le cas d'un échantillon fer en présence d'oxygène a permis de conclure qu'une couche d'hématite est probablement formée sur la surface du fer oxygéné. Pour finir nous devons noter que les résultats obtenus sont interprétés dans le cadre du modèle d'échange d'électrons et de «bond-breaking». Le modèle d'échange d'électrons nous a permis d'apporter une contribution considérable à la mesure du gap et de l'affinité électronique.

Références

[1] J. philibert, A. Vignes, Y. Bréchet, P. Combrade, Métallurgie du minerai au matériau. 1998, Paris : Masson. 1107.

[2] T. Kodama, K. Tominaga, M. Tabata., T. Yoshida, and T. Tamaura, J. Ceramic Society, **75** (1992) 1287.

[3] T. Sanot., Tsujim, and Y. Tamaura. Solid State Ionics, **104** (1997) 311.

[4] K. Mori, T. Okada, Y. Takagi, Y. Takada, andT. Mizoguchi, Japanese J. Appl. Phys. **38** (1999) 189.

[5] P. Hohenberg and W. Kohn, Phys. Rev. **136** (1964) 864.

[6] J.P. Perdew, K. Burke, and M. Ernzerhof, Phys. Rev. Let. **77** (1996) 3865

[7] H. K. Browen, D. Adler, and B. H. Auker, J. Solid State Chem. **12** (1975) 355.

[8] W. H. Bragg, Phil Mag. **30** (1915) 305.

[9] J. M. D. Coey, A. E. Berkowitz, Ll. Balcells, F. F. Putris, and F. T. Parker, Appl. Phys. Lett. **72** (1998) 6.

[10] Remi Arras, thése de doctorat, université Paul Sabatier, Toulouse (2010).

[11] E. J. W. Verwey and J. H. de Boer. Rec. Trav. Chim, **55** (1936) 531.

[12] K. Inomata, N. Ikeda, N. Tezuka, R. Goto, S. Sugimoto, M. Wojcik and E. Jedryka. Sci. Technol. Adv. Mater. **9** (2008) 014101.

[13] J. Garcia and G. Subias, J. Phys. Condens. Matter **16** (2004) 145.

[14] Horng-Tay Jens, G. Y. Guo, and D. J. Huang, Phys. Rev. Lett. **93** (2004)1.

[15] V. I. Anisimov, I. S. Elfimov, N. Hamada and K. Terakura, Phys. Rev. B **54** (1996) 3847

[16] V. N. Antonov,B. N. Harmon, V. P. Antropov, A. Ya. Perlov, and A. N. Yaresko, Phys. Rev. B **64** (2001) 134410.

[17] J. R. Cullen and E. R. Cullen, Phys. Rev. Lett. **26** (1971) 236.

[18] N. F. Mott, Philos. Mag. B **42** (1980) 327

[19] I. Leonov, A. N. Yaresko, V. N. Antonov, M. A. Korotin, and V. I. Anisimov, Phys. Rev. Let. **93** (2004) 14604

[20] S. K. Park, T. Ishikawa, and Y. Tokura, Phys. Rev. B **58** (1998) 3717.

[21] J.M.West, « Basic Corrosionand Oxidation », second ed., Ellis Horwood ltd., Chichester, 1986.

[22] M. Jansen, and H. P. Letschert, Nature **404** (2004) 980.

[23] Changzheng Wu, Ping Yin Zhu, Chuanzi Ou Yang, and Yi Xie, J. Phys. Chem. B, **110** (2006) 17806.

[24] U. Bjorksten, J.Moser, M.Gratzel, Chem. Mater. **6** (1994) 858.

[25] J. D. Desai, H. M. Pathan, Sun-Ki Min, Kwang-Deog Jung, and Oh-Shim Joo, App. Surf. Sci. **252** (2006) 2251.

[26] J. A. Glasscock, P.R.F. Barnes, I.C.Plumb, A.Bendavid, and P.J.Martin, thin solid films **516** (2008) 1716.

[27] E. L.Miller, D. Paluselli, B. Marsen, and R. E. Rocheleau, the solid films **466** (2004) 307.

[28] J.B. Shi *et al*, Mater let. **61** (2007) 5268.

[29] Jiao Hua, Yang Heqing, Mat. Sci. and Eng. B **156** (2009) 68.

[30] A. Kaddouri, Thèse d'Etat, Université de Paris-Sud, Centre d'Orsay, N° 3529 (1989).

[31] O. Varenne, Thèse de Doctorat, Université de Paris-Sud, Centre d'Orsay, (2000).

[32] K. Hammoum, T El Asri, A. Chahboune, H. Aouchiche and A. Kaddouri, Eur. Phys. J. D. **61** (2011) 469.

[33] G. Nave, S. Johansson, R. C. M. Learner, A. P. Thorne, and J. W. Brault, Astrophys. J. Suppl. Ser. **94** (1994) 221.

[34] E. Veje, Phys. Rev. B **28** (1983) 5029.

[35] Dieter Landolt « corrosion et chimie des surfaces des métaux », presses polytechniques et universitaires romandes, CH-1015 Lausanne, 1993

[36] M. Kitano, K. Tsujimaru, and M. Anpo, Appl. Catalysis. A, General **314** (2006) 179.

[37] A. A. Radzig and B.M. Smirnov, "Reference Data on Atoms, Molecules and Ions", Springer Series in Chem. Phys., Ed. V. I. Goldanskii et al. Springer- Verlag Berlin Heidelberg 1985.

[38] C. R. Brundle, E. Silverman, and R. J. Madix, J. Vac. Sci.-technol. **16** (1979) 474.

[39] Charles F. Brucker, and Thor N. Rhodin, Surf. Sci. **57** (1976) 523.

[40] V. V. Bobkov, S. P. Gokov, V. V. Gritsyna, V. T. Gritsyna, and D. I. Shevchenko, Nucl. Inst. and Meth. in Phys. Res. B **218** (2004) 46.

Chapitre V

Emissions optiques des produits de pulvérisation du chrome et de son oxyde Cr_2O_3

I. Introduction

Dans ce chapitre, nous présentons les résultats expérimentaux obtenus sur les émissions optiques des produits de pulvérisation des échantillons chrome et son oxyde Cr_2O_3, soumis à un bombardement par un faisceau d'ion Kr^+ de 5 keV. Nous discutons les résultats dans le cadre du modèle d'échange d'électrons. Ce modèle suppose que la présence de l'oxygène modifie la structure de bandes d'énergie du métal et met en évidence la compétition entre les transitions radiatives et non radiatives des espèces excitées formées au voisinage de la surface bombardée. Cependant, nous rappelons d'abord quelques propriétés du chrome et de son oxyde, qui nous permettent de mieux cerner le problème.

II. Généralités sur le chrome et son oxyde

La découverte du chrome s'est faite dans le chromate de plomb ($PbCrO_4$) en Sibérie par Nicolas Louis Vauquelin. Il l'a baptisé « couleur » en grec étant donné sa couleur blanche-argentée. Ses composés comme l'oxyde Cr_2O_3, les polychromates, les chlorures et les sels chromeux sont de couleurs vives rouges et vertes d'où le nom donné. Cette coloration est due à l'excitation de niveaux d'énergie des électrons de la sous couche d par certaines longueurs d'onde lumineuses.

En 1797, Nicolas Louis Vauquelin a pu produire de l'oxyde de chrome (CrO_3) en additionnant de l'acide chlorhydrique à la chromite. En 1798, Vauquelin découvrit qu'il pouvait isoler le chrome métallique en chauffant l'oxyde dans un four à charbon. Bref ! c'est à lui aussi que nous devons presque tout ce que nous savons sur ce métal.

II.1. Quelques propriétés physiques et chimiques du chrome

Le chrome fait partie de la série des métaux de transition. Il appartient à la première famille des éléments de transition, de période 4 et bloc d, il est placé en tête de la colonne VI B de la classification périodique. Son numéro atomique étant $Z = 24$, sa configuration électronique peut être donnée par $1s^2 2s^2 2p^6 3s^2 3p^6 4s^2 3d^4$. Les couches 3d et 4s ont des énergies très proches, on observe d'ailleurs des anomalies dans le remplissage des couches, *i.e.* l'état électronique le plus stable correspond à la configuration: $1s^2 2s^2 2p^6 3s^2 3p^6 4s^1 3d^5$. Par ailleurs, le chrome cristallise à la température ordinaire dans le système cubique centré, la distance entre deux atomes est assez faible 2,58 Å. Le chrome est un matériau abondant, très utilisé en catalyse et dans les alliages.

En 1953 Shull et Wilkmson [1] ont mis en évidence l'antiferromagnétisme du chrome par diffraction de neutrons, ces auteurs ont montré que ce métal a une structure magnétique dans laquelle les atomes des sommets et ceux du centre de la maille élémentaire cubique ont des moments antiparallèles. Il existe quatre isotopes stables du chrome de nombre de masse 50, 52, 53, et 54, le plus abondant est celui dont le nombre de masse est 52 (83,79 %). Sa température de fusion est de 1907° C, celle d'ébullition est de 2671° C et sa masse volumique est de 7,15 g/cm^3 à 20° C.

II.2. Principaux oxydes de chrome

L'oxyde de chrome (II) est de formule CrO, c'est un solide noir qui cristallise dans une maille cubique (Figure.V.1). Sa température de fusion est de 300° C, sa masse molaire est de 67,99 g.mol^{-1}

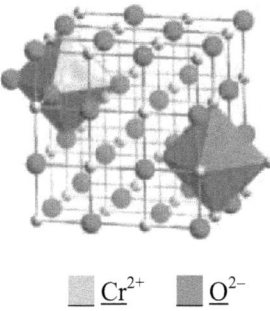

Cr^{2+} O^{2-}

Figure.V. 1. Maille cristalline de l'oxyde de chrome CrO

Le dioxyde de chrome ou oxyde de chrome (IV) est de formule CrO_2, il se présente dans une maille type rutile (espèce minérale composée de dioxyde de titane TiO_2 avec des traces de fer) (Figure.V.2). C'est une substance magnétique très utilisée pour la fabrication de bandes magnétiques. Sa température de fusion est de 375° C, sa masse molaire est de 83,99 g.mol^{-1}.

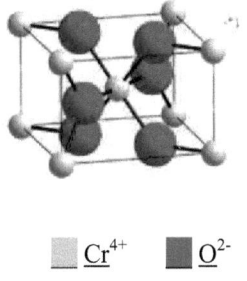

Cr^{4+} O^{2-}

Figure V.2. Maille cristalline du dioxyde de chrome CrO_2

L'oxyde de chrome (VI) CrO_3 est un solide cristallisé, rouge, obtenu par action de l'acide sulfurique sur le bichromate de potassium.

L'oxyde de chrome (III) est de formule Cr_2O_3, il a été préparé par Pannetier en 1834 [2] à partir de chromite (Fe, Mg) Cr_2O_4. Il a l'aspect d'une poudre de couleur verte, et cristallise dans une structure corindon (les ions O^{2-} forment un réseau hexagonal compact). L'oxyde de chrome (III) est insoluble dans l'eau mais se dissout dans l'acide en produisant des ions de chrome hydratés $Cr(H_2O)_6^{+3}$, il se dissout dans les bases alcalines concentrées en donnant des ions $Cr_2O_4^{-2}$. On obtient du chrome métallique lorsqu'il est chauffé en présence d'aluminium ou de carbone finement divisé. Il est antiferromagnétique jusqu'à 307 K. L'oxyde Cr_2O_3 est caractérisé par sa bonne dureté [3] et sa stabilité chimique à température ambiante [4], la meilleure parmi les autres oxydes de chrome (CrO, CrO_2 et CrO_3). Récemment Bhushan et al. [3] ont mesuré une dureté de 29.5 GPa pour un film d'épaisseur de 200 nm. La résistance à la corrosion est aussi une des particularités du chrome, en effet une couche d'oxyde passive se forme sur la surface des alliages contenant du chrome, cette couche est en majorité de l'oxyde Cr_2O_3, ce qui empêche la progression de l'oxygène ou le transfert d'électrons nécessaires à l'oxydation. D'ailleurs cet oxyde est très utilisé comme revêtement protecteur et électrochimique [5,6]. Il présente aussi une bonne surface sélective pour les capteurs solaires [7], en effet il absorbe le rayonnement visible (corps noir à haute température) ou se situe la grande partie d'énergie provenant du soleil, mais il réémet peu dans l'infrarouge [8]. Cet oxyde est aussi utilisé comme détecteur de gaz O_2, H_2 et NO_2 [9,10].

L'oxyde Cr_2O_3 avec le chrome pur feront l'objet de nos investigations via la méthode d'analyse spectroscopique SIPS (Sputter induced photon spectroscopy); pour cela et afin de situer clairement le problème, nous rappelons quelques travaux antérieurs portant sur les propriétés optiques du chrome et de son oxyde Cr_2O_3.

III. Position du problème et travaux antérieurs

Les différentes applications citées ci-dessus exigent des connaissances approfondies sur les propriétés optiques, ainsi un nombre important de travaux est dédié à l'étude physico-chimique du chrome et de ses oxydes. Nous pouvons citer quelques techniques de dépôt des films minces d'oxyde de chrome Cr_2O_3 comme par exemple le sputtering [11,12], chemical vapor deposition [13] et spray pyrolysis [14]. Concernant l'étude spectroscopique, l'émission optique du chrome a fait l'objet d'une analyse par la spectroscopie à décharge luminescente par Wagatsuma, où 2049 raies sont observées dans un domaine spectral s'étalant de 200 à 440 nm [15]. Par ailleurs les travaux de Mac Donald et Martin [16], utilisant l'émission optique et l'émission d'ions secondaires du chrome induits par bombardement ionique, portent sur l'effet de l'oxygène sur les produits pulvérisés. Ces travaux ont montré que la transition électronique est entravée par l'absorption de l'oxygène, mais ceci ne justifie pas la variation totale de Cr^+ avec l'augmentation de la pression d'oxygène dans l'enceinte. En outre, Pivin et al. [17] ont montré, en utilisant la spectroscopie de masse d'ions secondaires sous bombardement d'ions d'argon dans une atmosphère d'oxygène, que les molécules d'oxygène se déposent sur la surface des métaux analysés (Fe, Ni et Cr). Ainsi d'après ces auteurs, la couche d'oxyde formée sur les métaux (Fe, Ni et Cr) est de même composition chimique que celle développée sur leurs oxydes Fe_2O_3, NiO et Cr_2O_3 analysés dans les mêmes conditions expérimentales.

Par ailleurs, l'oxyde Cr_2O_3 est caractérisé par un gap dont la valeur fait actuellement l'objet de plusieurs controverses. Les mesures menées sur un film d'oxyde passif de chrome via l'excitation par photoluminescence UV présentent un pic à 400 nm pour une solution acide et à 440 nm pour une solution neutre. Ces deux structures correspondent à des valeurs du gap de 3,1 eV et 2,8 eV respectivement [18]. Misho et al. [19] ont étudié aussi les propriétés optiques d'un film d'oxyde Cr_2O_3 obtenu par la méthode spray pyrolysis en aspergeant une solution $Cr(NO_3)_3 \cdot 9H_2O$ sur un substrat en verre préchauffé à une température de 500° C. L'analyse de l'absorption et le spectre de transmission du film donne une valeur du gap de 3,40 eV [19]. L'étude de l'effet de la température sur les propriétés optiques a été reprise très récemment par Al-Kuhaili et Durrani [20] sur un film d'oxyde de chrome déposé par évaporation par faisceau d'électrons, leur travaux ont révélé un gap de 2,86 eV pour un film déposé sur un substrat chauffé à 300°C et un gap de 2,67 eV quand le dépôt se fait sur un substrat non chauffé [20]. Hones *et al.* [21] ont mesuré des valeurs de gap allant de 3,62 eV à 3,71 eV pour des films d'oxyde déposés par pulvérisation à différentes températures et différentes pressions d'oxygène. Dans le cas d'un film polycristallin de Cr_2O_3 déposé par « chemical vapor deposition », Cheng *et al.* [22] ont déterminé un gap de 3,09 eV à T=720 K et de 2,98 eV à T=820 K.

Devant toutes ces contradictions, nous souhaitons ramener notre contribution en proposant une application de la méthode SIPS, déjà décrite dans le chapitre III. Avant de présenter les résultats, nous rappelons brièvement les conditions expérimentales de nos mesures.

IV. Conditions expérimentales

Nous avons analysé les produits de pulvérisation des échantillons de chrome et de son oxyde Cr_2O_3 sous forme de poudre. Les sujets ont été logés dans des porte-échantillons en inox conçus pour ce type d'échantillons et compactés manuellement avec une tige réalisée pour cet usage. Les portes échantillons ont été préalablement nettoyés avec de l'acétone et puis passer a l'ultrason.

Les expériences que nous avons réalisées ont été menées dans les conditions suivantes :
- Une pression meilleure que 10^{-7} Torr au niveau de la surface à analyser.
- Un faisceau de Kr^+ d'énergie 5 keV et d'intensité pouvant atteindre 1,2 µA ;
- Un domaine spectral exploré allant de 275nm à 540 nm ;
- une résolution instrumentale de 0,2 nm ;
- Un pas de mesure de 0,1 nm et un temps de comptage de 1000 ms ;
- Un angle de bombardement de 30° environ par rapport au plan de la surface de l'échantillon.

Il faut souligner qu'avant l'enregistrement des spectres, l'échantillon subi un nettoyage *in- situe* pendant 10 minutes avec l'action érosive du faisceau d'ions Kr^+ du bombardement.

V. Résultats expérimentaux

Dans le cadre des conditions expérimentales citées précédemment, nous avons bombardé les échantillons du chrome et son oxyde Cr_2O_3 avec un faisceau d'ions Kr^+ d'énergie 5 keV. Dans un premier temps nous avons réalisé les expériences dans un vide de 5. 10^{-7} Torr. Par la suite nous avons introduit dans le cas du chrome pur un gaz d'oxygène moléculaire avec deux différentes pressions : 4.10^{-6} Torr et 10^{-5} Torr, afin d'étudier l'influence de ce dernier sur les propriétés optiques du chrome.

V.1. Emissions optiques du chrome

Les spectres que nous avons analysés ont été obtenus en bombardant du chrome poudre compactée avec un faisceau d'ions Kr^+ d'énergie 5 keV, enregistrés avec une résolution de 2 Å dans un vide poussé et en présence d'oxygène. Dans un premier temps nous avons fait un scan sur le domaine spectral allant de 275 nm à 350 nm ensuite de 350 nm à 470 nm et enfin nous l'avons étendu à 540 nm. Nous avons remarqué que le domaine 275-335 nm ne présente pas de raies de chrome à l'exception de petites raies identifiées à des impuretés ou des perturbations dues au bruit de fond. Les spectres obtenus sont présentés dans la figure V.3 et V.4. Nous considérons qu'une raie est significative si elle présente une intensité relative supérieure à 3% de celle de la raie la plus intense. Dans ce travail, la raie la plus intense est repérée à 425,5 nm sur le spectre de la figure V.3. Cette dernière présente une série de raies d'intensités significatives. Toutes ces raies sont identifiées à des états des neutres Cr I et aucune raie pouvant être associée à un ion n'est observée dans le domaine spectral exploré. La raie repérée à 521 nm sur la figure V.4 est identifiée à une transition du chrome neutre, son intensité relative est de 24 %. La majorité des raies observées ici a été aussi détectée par Kaddouri dans le cas du chrome solide [23]. Les intensités relatives sont semblables alors que les intensités absolues sont différentes, c'est probablement dû à la quantité de matière pulvérisée qui est plus importante dans le cas du solide que celui de poudre. Dans tous les spectres enregistrés, aucune émission optique ni d'oxygène ni de krypton n'est observée. Il est à noter aussi qu'aucune émission continue n'a été détectée contrairement à ce qui est reporté par Kayan et *al.* [24]. Les six raies repérées aux positions 357,96 nm, 359,38 nm, 360,46 nm, 425,43 nm, 427,40 nm et 429,00 nm sont les plus intenses et correspondent à des transitions vers l'état fondamental ($^7S_3$) du chrome. Les différentes raies observées sont portées et identifiées aux transitions correspondantes données par la littérature et reportées dans le tableau V.1. Comme nous l'avons déjà souligné, l'émission optique du chrome a fait l'objet d'une analyse via la spectroscopie à décharge luminescente par Wagatsuma et Fresnius [25] et pas moins de 2049 raies sont observées dans le domaine spectral 200-440 nm. Ce nombre élevé de raies est vraisemblablement dû au fait que le plasma formé est chaud. De même en astrophysique Wallace et Hinkle [26] mesurent avec le spectromètre à transformé de Fourier 1963 raies Cr I dans le domaine spectral 236,6-5400,0 nm. Le nombre très élevé de raies observées compliquent davantage leur identification d'où l'inconvénient des deux techniques.

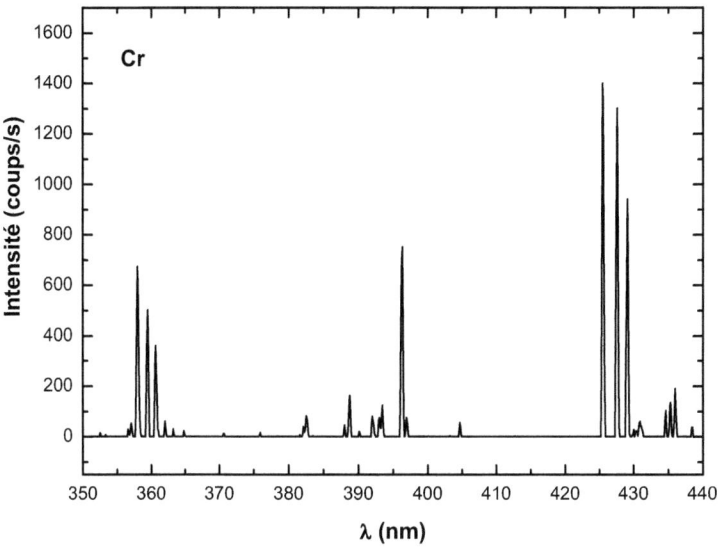

Figure. V. 3. Spectres mesurés lors du bombardement de l'échantillon Cr dans la région 350-470 nm à la pression P = 5.10^{-7} T.

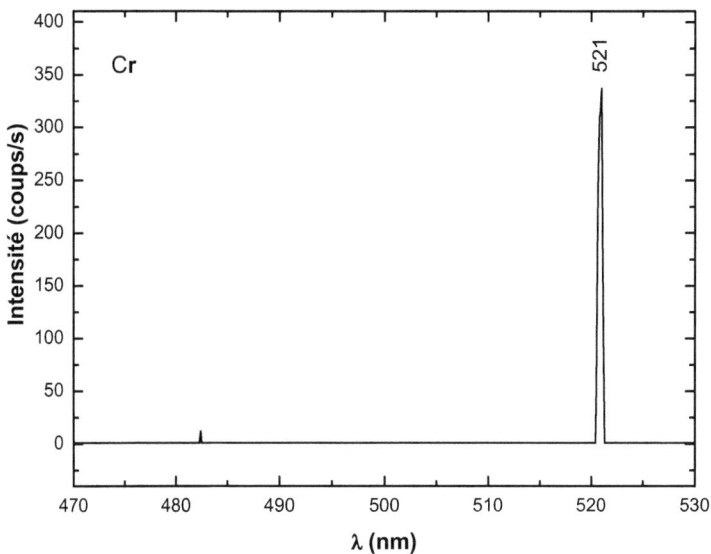

Figure. V. 4. Spectres mesurés lors du bombardement de l'échantillon Cr dans la région 470-540 nm à la pression P = 5.10^{-7} T

V.2. Emissions optiques du chrome dans une atmosphère d'oxygène

Afin de mieux comprendre l'influence de l'oxygène sur le dépeuplement des états électroniques excités et sur la variation du signal lumineux, nous avons introduit dans l'enceinte un gaz d'oxygène à deux pressions différentes 4.10^{-6} Torr et 10^{-5} Torr. Le domaine spectral balayé s'étale de 350 nm à 470 nm là où se trouve la majorité des raies. Les figures V.5.a et V.5.b présentent les spectres obtenus lors du bombardement du chrome poudre sous les conditions expérimentales citées ci-dessus. Une simple comparaison des spectres des figures V.3 et V.5.a permet de constater un accroissement des intensités des raies atomiques observées avec l'introduction de l'oxygène. En effet, les intensités des pics augmentent d'un facteur d'environs 1,7 pour la majorité des raies spectrales pour atteindre 3,1 pour la raie repérée à 435,3 nm. Il est à noter aussi l'apparition de certaines raies avec l'introduction d'oxygène notamment aux positions 389,7 nm, 449,8 nm, 452,8 nm, 453,1 nm, 453,7 nm, 454,2 nm, 454,7 nm et à 461,8 nm. Cependant, les figures V.5.a et V.5.b montrent une invariance des intensités de certaines raies ou une légère décroissance pour d'autres.

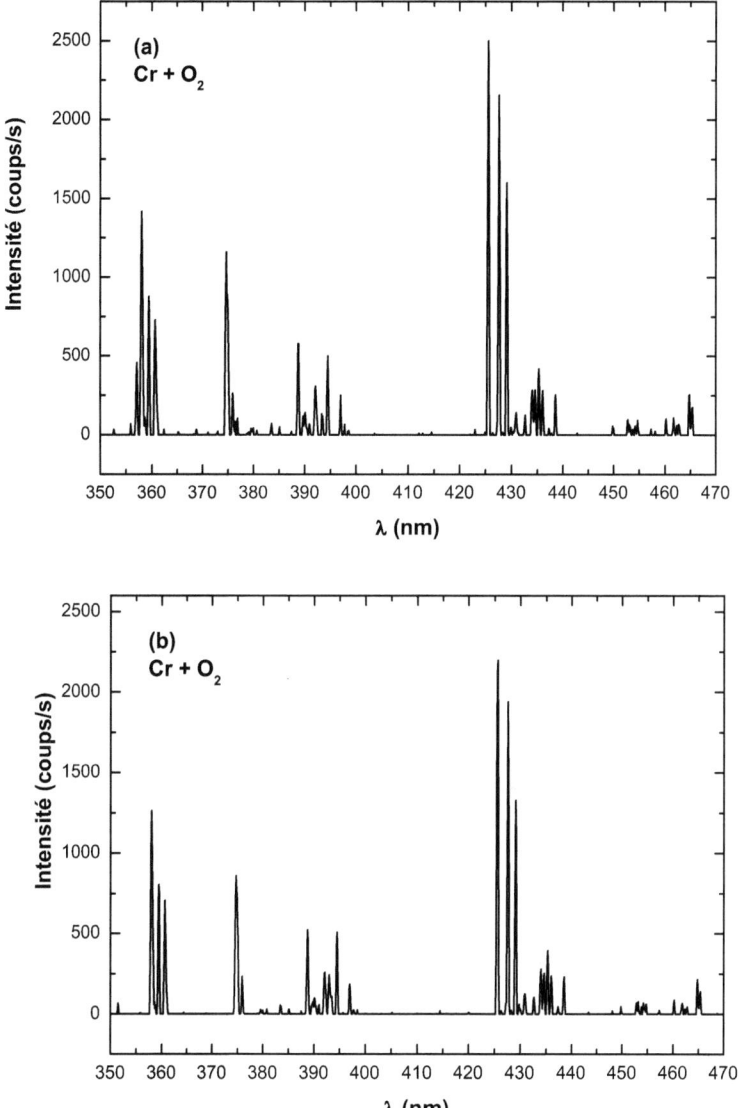

Figure. V. 5. Spectres mesurés lors du bombardement de l'échantillon Cr sous une pression partielle d'oxygène, (a) P= 4.10^{-6} T, (b) P= 10^{-5} T

V. 3. Emissions optiques de l'oxyde Cr_2O_3

La figure V.6 montre le spectre de luminescence obtenu dans le domaine spectral allant de 350 nm à 470 nm lors du bombardement ionique de l'oxyde de chrome Cr_2O_3 par des ions Kr^+ de 5 keV. Les mêmes raies spectrales sont observées aux mêmes longueurs d'onde comme dans le cas du chrome à différentes pressions. Nous avons noté un accroissement peu important des intensités des raies, la plus intensifiée est enregistrée à 388,7 nm avec un facteur d'accroissement de l'ordre de 1,3 environ. Toutefois, une diminution d'intensité de toutes les raies de Cr_2O_3 d'un facteur allant de 0,4 à 0,6 par rapport à celles détectées pour le chrome dans une atmosphère d'oxygène (figure V.5.a et b) est observée.

Nous remarquons aussi l'invariance de la raie située à 434,6 nm, cette dernière peut correspondre à la raie 434,43 nm ou 434,57 nm de la littérature [26]. La raie située à 434,43 nm s'identifie à la transition de l'état $3d^4 4s4p.v^5 P_2^0$ vers l'état $3d^5 4s.a^5 P_1$ alors que la raie 434,57 nm correspond à la transition de l'état $3d^4 4s4p.z\ ^5F_4^0$ vers l'état $3d^4 4s^2.a\ ^5 D_3$. Comme l'état récepteur $3d^5 4s.a^5 P_1$ de la raie 434.43 nm est plus stable que l'état $3d^4 4s^2.a\ ^5 D_3$, nous pensons que la raie située à 434,6 nm, observée dans notre cas, doit être associée à la transition $3d^4 4s4p.v\ ^5P_2^0$ vers l'état $3d^5 4s.a\ ^5 P_1$ correspondant à la longueur d'onde 434,43 nm. L'identification des autres raies est donnée dans le tableau V.1.

Les différentes observations relevées ci-dessus sont résumées dans le tableau V.1, elles feront l'objet d'une discussion dans le paragraphe qui suit.

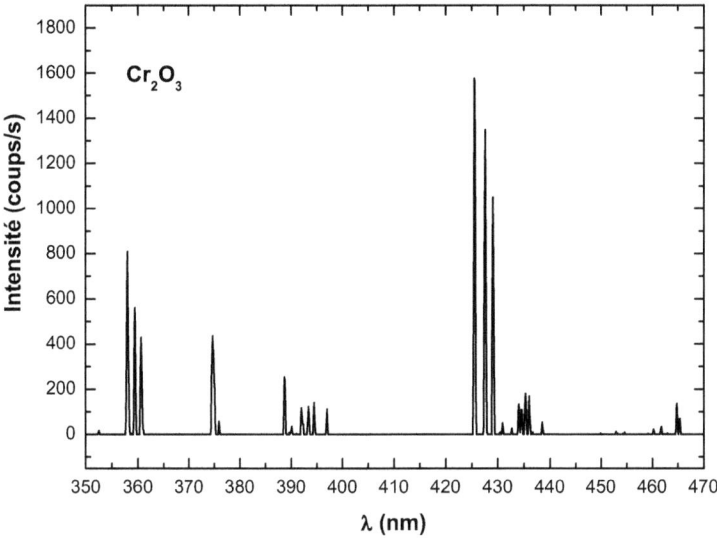

Figure V.6. Spectres mesurés lors du bombardement de l'échantillon Cr_2O_3 à $P = 5.10^{-7}$ T.

VI. Interprétation des résultats et test du modèle d'échange d'électrons

Le bombardement d'une surface par un faisceau d'ions de quelques keV s'accompagne d'un transfert de l'énergie de la particule incidente vers la cible, ceci provoque de multiple collisions de l'ion incident ou des atomes de recul avec les atomes de la surface cible et le développement des cascades linéaires. Ce processus fait arracher des particules excitées de la cible, par la suite ces dernières peuvent suivre deux voies possibles, soit se désexcitent pour émettre des photons ou alors interagissent avec la surface et ne contribuent pas à l'émission de lumière. Comme il a été déjà montré par Bobkov *et al.* [27], on distingue deux groupes de particules sortantes, des particules lentes de quelques dizaines d'électrons volts qui proviennent des collisions linéaires en cascade et des particules rapides ayant une énergie de l'ordre du keV. L'émission de lumière a pour origine la désexcitation de ces particules rapides qui échappent aux processus d'échange d'électrons avec la surface de la cible. Ces différents processus sont détaillés dans le paragraphe V du chapitre II.

VI.1. Le spectre du chrome avec et sans atmosphère d'oxygène

Dans les colonnes 1 et 2 du tableau V.1 sont reportées respectivement les positions des raies spectrales (longueurs d'onde notées λ_o) principales observées dans notre travail et celles données dans la littérature [26], notées λ_l. La petite différence entre λ_o et λ_l, inférieure à 0.2 nm, est due au calibrage du monochromateur. Sur les autres colonnes du tableau, sont reportées les intensités absolues de ces raies correspondant au chrome pur, au chrome en présence d'oxygène et à l'oxyde Cr_2O_3. L'identification des transitions correspondantes et les énergies des niveaux supérieur et inférieur des états impliqués dans la transition mise en jeu. La valeur de l'état supérieur donne l'énergie interne des atomes neutres excités et la dernière colonne correspond à l'énergie Ev définie par :

$$Ev = E^* - I^+$$

où E^* est l'énergie de l'état émetteur et I^+ le potentiel d'ionisation du chrome. Les énergies Ev sont définies par rapport à l'énergie du vide, qui est l'énergie minimale pour éloigner un électron du système à l'infini. Nous notons tout particulièrement que la raie la plus intense située à 425,5 nm correspond à une transition vers l'état fondamental $^7P_4^0 \rightarrow {}^7S_3$ et en termes d'orbitales atomiques, elle correspond à $3d^5 4p \rightarrow 3d^5 4s$ (voir tableau V.1).

Dans le cadre du modèle d'échange d'électrons, l'exaltation des intensités des raies observées dans nos expériences montre que l'oxygène adsorbé à la surface de la cible modifie la composition de la surface des échantillons et favorise par conséquent la formation d'une nouvelle structure de bande d'énergie, le solide ainsi formé est un "oxyde" caractérisé par un gap qui sépare la bande de conduction et la bande de valence [28]. En effet cette augmentation du signal est liée à la forte contribution des particules lentes éjectées dans un état excité [27]. A la pression de base ces particules lentes interagissent avec la surface et par conséquent se désactivent en suivant une voie non radiative par le processus d'ionisation résonnante ou par désexcitation Auger [29] (paragraphe V du chapitre II). Alors qu'en présence d'oxygène, elles échappent à ce processus avec la formation du gap et donc se désactivent en suivant une voie radiative par émission de lumière. Pour illustrer ce phénomène, nous avons reporté sur la figure V.7 un diagramme des niveaux d'énergie en prenant comme origine l'énergie du vide. Sur la colonne de gauche sont indiquées les bandes d'énergie du métal pur Cr et sur les deux colonnes de droite, celles de Cr+O_2 et de l'oxyde Cr_2O_3. Nous avons aussi reporté sur la figure V.7 quelques niveaux d'énergie de l'atome excité ainsi que les transitions associées. Le métal pur est repéré par son travail de sortie $\phi = 4,5$ eV [30], l'oxyde Cr_2O_3 par son affinité électronique A_f et son gap $E_g = 2,67$ eV [31] et enfin l'atome excité par l'énergie Ev et par le premier potentiel d'ionisation de l'élément Cr, $I^+ = 6.766$ eV [32].

Par ailleurs, nous avons reporté sur le tableau V.2, les longueurs d'onde observées, celles de la littérature, les intensités absolues et relatives du chrome pur, du chrome en présence de l'oxygène et celles de l'oxyde. Quand le bombardement s'effectue dans une atmosphère d'oxygène, les intensités de toutes les raies révèlent une dépendance positive telle qu'elles sont indiquées sur le tableau V.2. La dépendance est dite positive si l'intensité absolue de la raie augmente quand on passe du métal pur au métal en présence d'oxygène ou à l'oxyde, elle est dite négative s'il ya diminution de l'intensité, le symbole 0 veut dire qu'il n'ya pas de variation d'intensité. L'exaltation des photons dépend non seulement de la nature de l'échantillon ou du gaz injecté [23] mais aussi et tout particulièrement de la raie spectrale et donc des états électroniques mis en jeu dans la transition optique.

L'effet de l'oxygène sur le comportement des raies d'émission a déjà été validé par Kaddouri *et al.* [33] lors de l'analyse du spectre optique du Silicium et de son oxyde SiO_2 par la méthode SIPS utilisée dans ce travail. Le modèle d'échange d'électrons est validé aussi par d'autres travaux menés par Hagstrum [34] et Veje [35]. Nous l'avons aussi appliqué récemment pour le cas du vanadium [29] et le cas du fer, de la magnétite (Fe_3O_4) et de l'hématite (Fe_2O_3) dans le chapitre précédent et nous l'appliquons maintenant pour le cas du chrome et de son oxyde. En se reportant au diagramme des énergies de la figure V.7, nous constatons que les états émetteurs des raies dont les intensités ont augmenté sont tous situés à la fois en face de la bande de conduction et en face du gap de l'oxyde ($Ev<-A_f$) ou ($-\Phi<Ev<0$). Ces états peuvent alors échanger leur électron excité avec le métal et non pas avec l'oxyde. Par conséquent, les processus de désexcitation non radiatif sont bloqués et le dépeuplement des états excités des particules s'effectue alors par émission de photons, ce qui intensifie le signal lumineux des raies associées à ces états émetteurs. D'ailleurs les observations de White *et al.* [36] sur le silicium pur et sur son oxyde SiO_2 montrent que dans les oxydes c'est les particules lentes excitées qui contribuent plus à l'émission de photons contrairement aux échantillons propres qui voient cette émission dominée par les particules rapides. Cette analyse est faite grâce aux mesures des élargissements de la raie Si I située à 288,2 nm ($\delta\lambda=1,1$ Å) dans le cas de l'oxyde, alors que dans l'échantillon pur l'élargissement est ($\delta\lambda=5,1$ Å) et donc une vitesse plus importante des particules excitées émises. Etant donné la présence d'un gap dans la structure d'énergie de l'oxyde, les états énergétiques qui se trouvaient en face de la bande de conduction du métal vont se trouver en face du gap et donc le processus d'ionisation résonnant sera bloqué, ce qui intensifie l'émission de photons. De plus, bien que la contribution des atomes neutres excités n'excède pas 2 % du flux total pulvérisé, il a été montré par Betz *et* Husinsky [37] que le rendement de ces particules excitées augmente avec l'oxygène. Sakisaka *et al.* [38] ont étudié l'interaction de l'oxygène à 300 K avec la surface du chrome via différentes techniques, AES (la spectroscopie Auger), LEED (diffraction d'électrons lents), ELS (spectroscopie de perte d'énergie) et SES (spectroscopie d'électrons secondaires), la mesure de la variation du travail de sortie en fonction de la pression d'oxygène révèle la formation d'une couche de Cr_2O_3.

En tenant compte des valeurs de Ev reportées sur le tableau V.1 et comme toutes les intensités des raies sont exaltées, ce modèle suggère que tous les états émetteurs de ces raies doivent se trouver en face du gap de l'oxyde formé. Ainsi, pour la couche d'oxyde susceptible d'être formé sur l'échantillon chrome dans une atmosphère d'oxygène, nous aboutissons à une valeur du gap qui doit être supérieure à 2,67 eV et une affinité électronique inférieure à 1,20 eV.

VI.2. Le spectre de l'oxyde de chrome Cr_2O_3

La figure V.6 représente le spectre de l'oxyde de chrome Cr_2O_3 dans le domaine spectral allant de 350 nm à 470 nm, les raies très fines sont toutes identifiées à des états des neutres Cr I, et elles sont toutes identiques en longueurs d'onde aux raies observées dans le cas du chrome pur (tableau V.1). Une simple comparaison des figures V.6 et V.3 montre que toutes les raies de Cr_2O_3 sont plus intenses que celles du chrome pur d'un facteur qui n'excède pas 1,5, à l'exception de la raie située à la position 434,6 nm correspondant à la transition $4p.v\ ^5P_2^0 \rightarrow 4s.a\ ^5P_1$ qui semble être invariante. Cette dernière indique que le taux d'émission optique provenant du métal ne diffère pas de celui de l'oxyde, on suppose donc que l'état $4p.v\ ^5P_2^0$ dont l'énergie Ev est égale à 1,20 eV, se trouve en face de la bande de conduction du métal et celle de l'oxyde. Par conséquent le processus d'ionisation résonnante (voir paragraphe V du chapitre II) doit être important, et l'état $4p.v\ ^5P_2^0$ peut échanger son électron avec le métal et l'oxyde. Par ailleurs, la comparaison des intensités des raies des différents spectres obtenus lors du bombardement ionique du métal en présence de l'oxygène et de son oxyde Cr_2O_3 montre une variation considérable du signal. En effet, les intensités absolues enregistrées dans le cas de Cr en présence de l'oxygène sont plus importantes que celles observées lors du bombardement d'une cible Cr_2O_3. Il semble qu'en présence d'oxygène, le mécanisme de formation des atomes excités n'est pas seulement dû à l'éjection directe par la cible des particules de chrome, mais une excitation dissociative des molécules pulvérisées peut aussi avoir lieu. En effet, lors du bombardement du chrome en présence d'oxygène, des molécules métal-oxygène ($Cr-O_2$) sont éjectées et peuvent se dissocier spontanément loin de la surface de la cible à des distances où les processus d'échanges d'électrons avec la surface ne se produisent plus. Ces molécules échappent donc à la voie non radiative pour donner des atomes excités qui se désexcitent par la suite par émission de photons. Ce processus de formation de particules excitées a été envisagé par Bobkov et al. [39] qui ont étudié l'oxyde MgO.nAl$_2$O$_3$ (n= 1.0, 2.5) et le métal Al via la technique IPE (Ion-photon émission). Dans leurs investigations, Bobkov et al. [39] ont montré que les raies des neutres Al I du spectre d'émission dans l'oxyde MgO.nAl$_2$O$_3$ sont plus intenses que celles du métal pur, ce qui indique l'existence d'un mécanisme additionnel de formation de particules excitées lié à la rupture de liaison chimique des molécules Al-O. Ce processus de rupture de liaison imposé par le modèle de "bond-breaking" s'additionne donc au modèle d'échange d'électrons pour expliquer l'exaltation des intensités des raies.

Notons, particulièrement, que la raie située à la position 434,6 nm et dont l'énergie Ev est égale à 1,20 eV est invariante dans le cas de l'oxyde Cr$_2$O$_3$ et exalté dans le cas de la couche d'oxyde formée en présence d'oxygène. Le modèle d'échange suggère que cette raie doit se trouver à la fois en face de la bande inoccupée de l'oxyde Cr$_2$O$_3$ et du métal et en face du gap de la couche d'oxyde formée en présence de l'oxygène. Ce qui impose une affinité électronique inférieure à 1,24 eV et supérieure à 1,20 eV et un gap au plus égal à 2,67 eV et au moins égal à 2,63 eV pour l'oxyde Cr$_2$O$_3$. Quant à l'oxyde formé sur le métal, la valeur du gap doit être égale au moins à 2,67 eV et l'affinité électronique inférieure à 1,20 eV. Ces valeurs du gap sont en parfait accord avec celle donnée récemment par Al-Kuhaili et Durrani [31] qui mesurent une valeur de 2,67 eV pour un film d'oxyde de chrome déposé sur un substrat froid. Notre valeur est aussi en très bon accord avec celle de 2,8 eV mesurée par Yusuke Mito et al. [18] via la photoluminescence induite par un faisceau laser UV.

Chapitre V : Emissions optiques des produits de pulvérisation du chrome et de son oxyde Cr_2O_3

λ_0 (nm) observée	λ_L (nm) [26]	$I_{absolute(coups/s)}$				Transition [26]	Niveaux d'énergie (eV) [7]		
		Cr P=5.10⁻⁷T	Cr+O₂ P=4.10⁻⁶T	Cr+O₂ P=10⁻⁵T	Cr₂O₃ P=5.10⁻⁷T		supérieur E* (eV)	inférieur (eV)	Ev (eV)
357.9	357.87	674	1416	1261	809	$3d^4\ 4s\ 4p.y\ ^7P_4^0 - 3d^5\ 4s.a\ ^7S_3$	3.46	0.00	-3.306
359.4	359.34	502	877	803	559	$3d^4\ 4s\ 4p.y\ ^7P_3^0 - 3d^5\ 4s.a\ ^7S_3$	3.45	0.00	-3.316
360.6	360.53	361	727	705	429	$3d^4\ 4s\ 4p.y\ ^7P_2^0 - 3d^5\ 4s.a\ ^7S_3$	3.44	0.00	-3.326
388.7	388.63	163	579	522	253	$3d^4\ 4s\ 4p.z\ ^5D_2^0 - 3d^4\ 4s.a\ ^5G_1$	4.15	0.96	-2.616
392	392.02	80	308	257	117	$3d^4\ 4s\ 4p.z\ ^5D_4^0 - 3d^4\ 4s^2.a\ ^5D_4$	4.19	1.03	-2.576
393	392.97	74	243	241	97	$3d^4\ 4s\ 4p.z\ ^5D_2^0 - 3d^4\ 4s^2.a\ ^5D_3$	4.15	1.00	-2.616
425.5	**425.55**	**1399**	**2499**	**2196**	**1576**	**$3d^5\ 4p.z\ ^7P_4^0 - 3d^5\ 4s.a\ ^7S_3$**	**2.91**	**0.00**	**-3.856**
427.6	427.59	1301	2153	1939	1342	$3d^5\ 4p.z\ ^7P_3^0 - 3d^5\ 4s.a\ ^7S_3$	2.90	0.00	-3.866
429.1	429.09	942	1599	1326	1050	$3d^5\ 4p.z\ ^7P_2^0 - 3d^5\ 4s.a\ ^7S_3$	2.89	0.00	-3.876
434.1	434.06	107	284	278	133	$3d^4\ 4s^2\ 4p.z\ ^5F_3^0 - 3d^4\ 4s^2.a\ ^5D_2$	3.83	0.98	-2.936
	434.09					$3d^4\ 4s^2\ 4p.z\ ^5F_1^0 - 3d^4\ 4s^2.a\ ^5D_0$	3.81	0.96	-2.956
434.6	434.43	103	282	252	108	$3d^4\ 4s\ 4p.v\ ^5P_2^0 - 3d^5\ 4s.a\ ^5P_1$	5.56	2.71	-1.20
435.3	435.29	134	417	393	179	$3d^4\ 4s\ 4p.z\ ^5F_5^0 - 3d^4\ 4s^2.a\ ^5D_4$	3.87	1.03	-2.916
438.5	438.40	37	252	229	52	$3d^4\ 4s\ 4p.v\ ^3P_1^0 - 3d^5\ 4s.a\ ^5P_1$	5.53	2.70	-1.236
464.7	464.74	83	255	214	135	$3d^4\ 4s\ 4p.y\ ^5P_3^0 - 3d^4\ 4s^2.a\ ^5D_4$	3.69	1.03	-3.076
465.3	465.25	50	173	137	68	$3d^4\ 4s\ 4p.y\ ^5P_1^0 - 3d^4\ 4s^2.a\ ^5D_2$	3.64	0.98	-3.126

Tableau V.1. Longueurs d'onde, intensités absolues et identifications spectroscopiques des raies spectrales observées lors du bombardement des cibles de chrome et de son oxyde Cr_2O_3 par un faisceau d'ions Kr^+ de 5 keV.

λ_o (nm) observée	λ_L (nm) [26]	Cr I_a (u.a) P=5.10⁻⁷ T	Cr I_r % P=5.10⁻⁷ T	Dépendance avec O_2	Cr_2O_3 I_a (u.a) P=5.10⁻⁷ T	Dépendance
357.9	357.87	674	48	+	809	+
359.4	359.34	502	36	+	559	+
360.6	360.53	361	26	+	429	+
388.7	388.63	163	11.65	+	253	+
392	392.02	80	~6	+	117	+
393	392.97	74	5	+	97	+
425.5	**425.55**	**1399**	**100**	**+**	**1576**	**+**
427.6	427.59	1301	6.64	+	1342	+
429.1	429.09	942	67	+	1050	+
434.1	434.06 434.09	107	7.64	+	133	+
434.6	434.43	103	7.3	+	108	0
435.3	435.29	134	9.5	+	179	+
464.7	464.74	83	~6	+	135	+
465.3	465.25	50	3.5	+	68	+

Tableau V.2. Longueurs d'onde, intensités relatives et comportement des raies avec l'oxygène

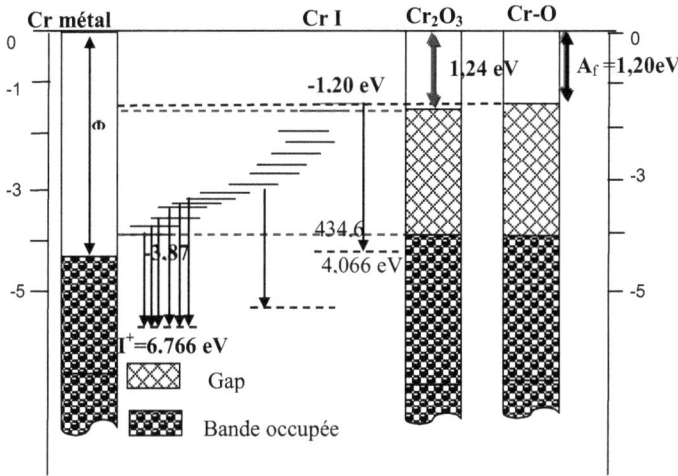

Figure V. 7. Diagramme des niveaux d'énergie du métal Cr, de l'oxyde Cr_2O_3 et des états excités de l'atome du chrome.

VII. Conclusion

Les spectres de luminescence des produits de pulvérisation du chrome pur, du chrome dans une atmosphère d'oxygène et de son oxyde Cr_2O_3 ont été étudiés par bombardement d'ions Kr^+ d'énergie 5 keV. Les résultats que nous avons obtenus sont très reproductibles et présentent des raies spectrales très fines, toutes identifiées aux atomes neutres (Cr I), de plus leurs intensités augmentent lorsque le bombardement s'effectue dans une atmosphère d'oxygène. Ces mêmes raies spectrales sont présentes dans le cas d'une cible d'oxyde mais avec des intensités moins importantes que dans le cas du métal oxygéné. L'analyse de ces échantillons par la technique SIPS (Sputter Induced Photon Spectroscopy) révèle la sensibilité des intensités des raies à la présence d'oxygène. L'exaltation des raies est convenablement interprétée par le modèle de transfert d'électron qui prévoit la formation d'un film d'oxyde avec une structure de bande qui favorise l'intensification des émissions optiques. Dans le cas du chrome non oxygéné, l'émission optique est gouvernée par la désexcitation de particules rapides excitées qui quittent les toutes premières couches atomiques tel que c'est déjà montré par plusieurs auteurs [27] en décrivant la distribution de vitesses de ces particules. Par contre en présence d'oxygène l'émission optique est gouvernée par la contribution des particules excitées de faible énergie cinétique et par la dissociation des molécules métal oxygène. Finalement, le modèle d'échange d'électrons suggère une valeur du gap comprise entre 2,63 eV et 2,67 eV pour l'oxyde Cr_2O_3. Quant à la couche d'oxyde susceptible d'être formée sur le métal en présence d'oxygène, le gap est estimé au moins égal à 2,67 eV. La valeur de l'affinité électronique suggérée est comprise entre 1,20 eV et 1,24 eV pour l'oxyde Cr_2O_3 et elle est inférieure à 1,20 eV pour la couche d'oxyde formée en surface.

Références

[1] C. C. Shull and M. K. Wilkmson, Rev. Mod. Phys. **25** (1953) 100.

[2] Bulletin de la société d'encouragement pour l'industrie nationale, « rapport fait par M. Mérimée, au nom du comité des arts chimiques, sur une couleur verte présentée par Pannetier, place Royale, n° 28 à Paris » (1834) p. 105.

[3] B. Bhushan, G. S. Theunissen, and X. Li, Thin Solid Films **311** (1997) 67.

[4] V. M. Bermudez, W. J. Desisto, and J. Vac. Sci. Technol. A **19** (2001) 576.

[5] V. Zieren, M. D. Jongh, A. B. v. Groenou, J. B. v. Zon, P. Lansinski, and G. S. Theunissen, IEEE Trans. Magn. **30** (1994) 340.

[6] A. Azens, G. Vaivars, L. Kullman, C. G. Granqvist, Electrochim. Acta **44** (1999) 3059.

[7] J. C. Fan, and S. A. Spura, Appl. Phys. Lett. **30** (1977) 511.

[8] J. Lafait, J. M. Behaghel and S. Berthier, Revue Phys. Appl. **15** (1980) 403.

[9] B. K. Miremadi, R. C. Singh, Z. Chen, S. R. Morrison, and K. Colbow, Actuators B **21** (1994) 1.

[10] Y. Shimizu, N. Nakashima, T. Hyodo, and M. Egashira, J. Electroceram. **6** (2001) 209.

[11] A. S. Kao, M. F. Doerner, and V. J. Novotny, J. Appl. Phys. **66** (1989) 5315.

[12] B. Bhushan, G. S. Theunissen, and X. Li, Thin Solid Film **311** (1997) 67.

[13] C. S. Cheng, H. Gomi, and H. Sakata, Phys. Stat. Sol. **155** (1996) 417.

[14] A. K. Abass, and E. M. Jaboori, Phys. Stat. Sol. **166** (1989) 111.

[15] K. Wagatsuma, and Fresenius, J. Anal. Chem. **367** (2000) 414.

[16] R. J. MacDonald, and P. J. Martin, Surf. Scien, **67** (1977) 237.

[17] J. C. Pivin, C. Roques-Carmes, and G. Slodzian, Int. J of Mass Spect. and Ion Phys. **31** (1979) 293.

[18] Y. Mito, M. Ueda, and T. Ohtsuka, corrosion science **51** (2009) 1540.

[19] R. H. Misho, W. A. Murad and G. H. Fattahallah, Thin Solid Film, **169** (1989) 235.

[20] M.F. Al-Kuhaili, and S. M. A. Durrani, Optical Materials **29** (2007) 709.

[21] P. Hones, M. Diserens, and F. Lévy, Sur. and Coat. Tech. **120-121** (1999) 277.

[22] C. S. Cheng, H. Gomi, and H. Sakata, Phys. Stat. Sol. (a) **155** (1996) 417.

[23] A. Kaddouri, thèse de doctorat d'état, Université de Paris-Sud, Centre d'Orsay, Order N° 3529 (1989).

[24] T. S. Kiyan, V. V. Gristsyna and Ya. M. Fogel, Nucl. Instr. Methods, **132** (1976) 415.

[25] K. Wagatsuma, Fresenius J Anal. Chem. **367** (2000) 414.

[26] L. Wallace and K. Hinkle, the astrophysical J, **700** (2009) 720.

[27] V. V. Bobkov, S. P. Gokov, V. V. Gritsyna, V. T. Gritsyna, and D. I. Shevchenko, Nucl. Inst. and Meth. in Phys. Res. B **218** (2004) 46.

[28] G. Betz, and W. Husinky, Nucl. Inst. and Meth. in Phys. Res. B**13** (1986) 343.

[29] M. Ait El Fqih, A. El Boujlaidi, R. Jourdani and A. Kaddouri, Eur. Phys. J. D **63** (2011) 97.

[30] C. Li, F. Pan, X. Wang, L. Wang, H. Wang, H. Wang, and D. yan, organic electronics **10** (2009) 948.

[31] M.F. Al-Kuhaili, and S. M. A. Durrani, Optical Materials **29** (2007) 709.

[32] A.A. Radzig, and B.M. Smirnov, ''Reference Data on Atoms, Molecules, and Ions'', Springer Series in Chem. Phys., Ed. V. I. Goldanskii *et al*. Springer-Verlag Berlin Heidelberg 1985.

[33] A. Kaddouri, I. Ashraf, M. Ait El Fqih, H. Targaoui, A. El Boujlaid and K. Berrada, Appl. Surf. Sc. **256** (2009) 116.

[34] H. D. Hagstrum, Phys. Rev. **150** (1966) 459.

[35] E. Veje, Surf. Sci.**110** (1981) 533.

[36] C. W. White, D. L. Simms, N. H. Tolk, and D. V. McCaughan, surf. Sci. **49** (1975) 657.

[37] G. Betz, and W. Husinsky, Nucl. Inst. and Meth. in Phys. Res. B **13** (1986) 343.

[38] Y. Sakisaka, H. Kato, and M. Onchi, Surf. Sci. **120** (1982) 150.

[39] V. V. Bobkov, S. P. Gokov, V. V. Gritsyna, V. T. Gritsyna, D. I. Shevchenko, and S. S. Alimov, Nucl. Instrum. and Method. in Phys. Res. B **256** (2007) 501.

Conclusion Générale

Le travail que nous avons présenté porte sur la luminescence des produits de pulvérisation du fer et de ses oxydes Fe_3O_4 et Fe_2O_3, du chrome et de son oxyde Cr_2O_3 soumis à un bombardement par un faisceau d'ions Kr^+ de 5 keV. Le travail expérimental a été réalisé avec le spectromètre SIPS déjà décrit dans le chapitre III.

Les résultats obtenus se présentent sous forme de spectres s'étalant de 340 nm à 470 nm et montrant des raies spectrales très fines attribuées toutes aux transitions électroniques entre les niveaux d'énergie excités du métal neutre (chrome et fer). Dans le domaine spectral exploré, aucune raie attribuée ni à l'oxygène, ni à l'ion Kr^+ ou encore au Cr^+ et Fe^+ n'est détectée dans notre cas. De plus aucun continuum n'est observé dans nos conditions expérimentales. Les expériences que nous avons réalisées révèlent la grande sensibilité des raies spectrales à la présence d'atmosphère d'oxygène. L'interprétation des résultats s'est basée essentiellement sur le modèle d'échange d'électron entre les particules éjectées et la surface de l'échantillon étudié. Par ailleurs, dans le cas d'une pression partielle d'oxygène, ce modèle prévoit la formation d'un film d'oxyde sur la surface du solide avec une structure de bande qui favorise l'intensification de l'émission optique.

Bien que l'origine des émissions lumineuses présente un problème assez complexe, nos observations ont permis de répondre à certaines interrogations. Nous avons conclu l'existence de deux types de particules éjectées dans un état excité, les particules rapides qui sont responsables de l'émission de lumière dans l'échantillon et celles qui sont émises avec de faibles énergies et qui peuvent interagir avec la surface. Dans le cas d'échantillons oxygénés et des oxydes, ces particules lentes contribuent à la production de photons par l'annihilation du processus d'ionisation résonnante et de désexcitation Auger. Par conséquent, les raies spectrales s'intensifient. Des révélations déjà montrées par plusieurs auteurs ayant décrit la distribution de vitesses de ces particules. L'énergie des particules rapides est comparable à l'énergie du faisceau incident dont l'origine est le résultat de collisions binaires entre les atomes superficiels de l'échantillon bombardé et les ions projectiles. Les particules lentes proviennent essentiellement des cascades de collisions et du transfert d'énergie vers les atomes des premières couches de l'échantillon ; leur énergie est estimée à quelques électrons volts.

Les oxydes de fer et de chrome ont été bombardés sous vide (P=10^{-7} Torr), les raies spectrales observées sont les mêmes que celles identifiées dans le cas des métaux fer et chrome purs avec des intensités plus importantes, néanmoins ces dernières sont moins exaltées par rapport à celles observées dans le cas des métaux oxygénés. Ces observations ont trouvé leur explication dans le cadre du modèle de "bond-breaking" basé sur le processus de rupture de liaison. Il est donc évident que les molécules "métal-oxygène", composant la couche d'oxyde formée en présence d'une vapeur d'oxygène, soient plus faciles à arracher et à éjecter. La dissociation loin de la surface de ces dernières donne un atome excité qui se désexcite par voie radiative et contribue ainsi à l'émission de lumière.

Par ailleurs, le modèle d'échange d'électrons a permis de mesurer une valeur du gap au plus égale à 2,67 eV et au moins égale à 2,63 eV pour l'oxyde Cr_2O_3, et pour la couche d'oxyde formée la valeur du gap est égale au moins à 2,67 eV. Quant à l'affinité électronique, elle est supérieure à 1,20 eV et inférieure à 1,24 eV pour l'oxyde Cr_2O_3 et elle est inférieure à 1,20 eV pour l'oxyde déposé sur le chrome. De plus, la structure de bande de l'oxyde Fe_3O_4 déduite en s'appuyant sur le modèle d'échange révèle une valeur de gap de 0,2 eV et une affinité électronique au moins égale à 4.48 eV. Quant à l'oxyde Fe_2O_3, la valeur mesurée pour le gap est supérieure à 1,58 eV avec une affinité électronique inférieure à 3.10 eV. Ces différentes valeurs mesurées dans notre travail ont permis de lever certaines contradictions existant dans la littérature. Dans le cas du fer oxygéné, un comportement similaire au cas de l'hématite a été observé, nous avons ainsi conclu que la couche formée sur la surface de l'échantillon est probablement une couche d'hématite et non de la magnétite.

Par ce modeste travail, nous souhaitons avoir contribué à ramener un plus à l'étude de la lumière émise lors de la pulvérisation du fer, du chrome et de leurs oxydes respectifs suite à un bombardement ionique par des Kr^+. Pour comprendre le comportement des raies d'émissions enregistrées et mieux expliquer nos observations, il serait encore intéressant de calculer les distributions énergétiques des particules pulvérisées et aussi suivre le profil Doppler que peut manifester une raie spectrale Fe I et Cr I pour mettre en évidence l'existence de particules dites rapides, c'est-à-dire, pulvérisées avec une grande énergie. Par ailleurs, nous souhaitons que la technique SIPS, qui nous a permis de contrôler la composition de la surface bombardée par l'identification d'impuretés et ainsi l'élimination des contaminants présents en surface, puisse être couplée, à l'avenir, à d'autres techniques d'analyse pour qu'elle soit plus performante et efficace.

Oui, je veux morebooks!

i want morebooks!

Buy your books fast and straightforward online - at one of world's fastest growing online book stores! Environmentally sound due to Print-on-Demand technologies.

Buy your books online at
www.get-morebooks.com

Achetez vos livres en ligne, vite et bien, sur l'une des librairies en ligne les plus performantes au monde!
En protégeant nos ressources et notre environnement grâce à l'impression à la demande.

La librairie en ligne pour acheter plus vite
www.morebooks.fr

 VDM Verlagsservicegesellschaft mbH
Heinrich-Böcking-Str. 6-8   Telefon: +49 681 3720 174   info@vdm-vsg.de
D - 66121 Saarbrücken   Telefax: +49 681 3720 1749   www.vdm-vsg.de

Printed by Books on Demand GmbH, Norderstedt / Germany